WOHIN UND WOMIT?

Technische und wirtschaftliche Zusammenhänge

einfach erklärt

Wirt.-Ing. Michael Heßhaus (B.Sc.)

WOHIN UND WOMIT?

Fehlende Aufklärung und Fehlinformationen führen zu einer starken Abwehrhaltung gegenüber neuen Techniken. Doch welche Argumente entsprechen der Wahrheit und welche Aussagen eher nicht?

Buchinhalt:

- Energieerzeugung
- Kraftstoffe
- Antriebe
- Aktuelle Marktsituation
- Technische und wirtschaftliche Bewertungen
- Zukunftsausblicke
- Abkommen und Gesetze
- FAQ (Aussage und Wahrheitsgehalt)

Mit über 80 Abbildungen und Tabellen

Dank an:

Wirt.-Ing. Alena Rösen, Esra Nurlu, Nadin Heßhaus, Florian Peters

Inhalt

1 Einleitung 1

  1.1 Introduction 3

  1.2 Was ist Kohlenstoffdioxid (CO_2) und was tut es? 4

2 Energieerzeugung 8

  2.1 Grundsätzliches zu Generatoren 8

    2.1.1 Was ist Wechselspannung? 10

    2.1.2 Fossile Energieträger 13

    2.1.3 Kernbrennstoffe 15

    2.1.4 Regenerative Energieerzeugung 16

      2.1.4.1 Definition 17

      2.1.4.2 Wasser- und Windkraftwerke 17

      2.1.4.3 Biogasanlagen 19

      2.1.4.4 Photovoltaik 20

    2.1.5 Zukunftsausblick: Vortex Bladeless Energy (Solid State) 23

    2.1.6 Zukunftsausblick: Kernfusion 23

3 Grundlagen Wasserstoff 26

  3.1 Wasserstoffherstellung durch Elektrolyse 28

    3.1.1 Grundlagen der Elektrolyse 28

      3.1.1.1 Grüner Wasserstoff 29

      3.1.1.2 Roter/Pinker Wasserstoff 30

      3.1.1.3 Gelber Wasserstoff 31

  3.2 Wasserstoffherstellung durch Dampfreformierung 32

    3.2.1 Grauer Wasserstoff 32

    3.2.2 Blauer Wasserstoff 33

    3.2.3 Brauner/Schwarzer Wasserstoff 34

    3.2.4 Oranger Wasserstoff 36

3.3   Wasserstoffherstellung durch Methanpyrolyse 36

   3.3.1 Türkiser Wasserstoff 36

3.4   Gewinnung natürlicher Wasserstoffvorkommen durch Fracking 37

   3.4.1 Weißer Wasserstoff 37

4   Fossile Kraftstoffe 40

   4.1   Benzin/Diesel/Kerosin/LPG 40

5   Alternative Kraftstoffe 42

   5.1   Biodiesel 42

   5.2   Ethanol 43

   5.3   GtL- und BtL-Kraftstoffe (E-Fuels) 44

   5.4   Power to Methanol (PtM) 46

   5.5   Bio-Flüssigerdgas (Bio-LNG) 47

   5.6   Pflanzenölkraftstoff (PÖK) 47

   5.7   Zukunftsausblick: Benzin aus dem Solarreaktor / Projekt Hydrosol 49

6   Versorgungswege 50

   6.1   Infrastruktur Flüssige Kraftstoffe 50

     6.1.1 OPEC 53

     6.1.2 Rechenbeispiel: Stromkosten des Erdöl-Pipeline-Netzes 55

   6.2   Infrastruktur Gas 56

   6.3   Infrastruktur Strom 57

7   Antriebsoptionen 58

   7.1   Antriebseinheiten 60

     7.1.1 Verbrenner fremdgezündet (Benziner) 60

     7.1.2 Verbrenner selbstgezündet (Diesel) 64

     7.1.3 Elektromotoren 66

       7.1.3.1 Synchron- und Asynchronmaschinen (SM und ASM) 66

       7.1.3.2 Aktuelle Entwicklung: Reluktanz-Motoren (SynRM/SRM) 68

   7.2   Speiseeinheiten 69

7.2.1 Galvanische Zellen... 69

7.2.1.1 Brennstoffzellen.. 69

7.2.1.1.1 Der Gesamtwirkungsgrad.. 70

7.2.1.1.2 AFC 71

7.2.1.1.3 PEMFC... 72

7.2.1.1.4 DMFC... 73

7.2.1.1.5 PAFC 74

7.2.1.1.6 MCFC... 75

7.2.1.1.7 SOFC.. 76

7.2.1.2 Akkumulatoren 76

7.2.1.2.1 Lithium-Ionen-Akkusysteme 78

7.2.1.2.1.1 Lithium-Ionen-Ladekurve 80

7.2.1.2.2 Zukunftsausblick: Natrium-Ionen-Batterie 81

7.2.1.3 Flüssigkeitstanks 82

7.2.1.4 (Flüssig-)Gastanks 83

7.3 Hybride.. 84

8 CO₂-Einsparpotentiale 85

9 Auswahl möglicher Kombinationen 89

9.1.1 PKW-Segment (Individualverkehr) - Technische Bewertung................ 93

9.1.1.1 PKW-Segment (Individualverkehr) - Technisches Fazit.............. 96

9.1.2 PKW-Segment (Individualverkehr) - Wirtschaftliche Betrachtungen... 96

9.1.2.1 Kosten möglicher PKW-Antriebe (Anschaffungskosten) 97

9.1.2.1.1 Brennstoffzellenfahrzeug Toyota Mirai (Option 1) 97

9.1.2.1.2 Akkuelektrisches Fahrzeug TESLA Model 3 (Option 2)........ 98

9.1.2.1.3 Vergleichsfahrzeug BMW 318i Limousine 98

9.1.2.2 Kosten möglicher PKW-Antriebe (Laufzeitbetrachtung)............ 99

9.1.2.3 PKW-Segment (Individualverkehr) - Break-Even-Punkte......... 103

9.1.2.4 Auswahl akkuelektrischer PKWs 104

9.1.3 LKW-Segment (Lastenverkehr) - Technische Bewertung 106

9.1.3.1 LKW-Segment (Lastenverkehr) - Technisches Fazit 108

9.1.3.2 Kosten möglicher LKW-Antriebe (Anschaffungskosten) 109

10 Das Konstrukt ÖPNV 110

10.1 Definition, Zahlen und Strukturen 110

10.2 Der große Treiber: Linienbusse 113

10.2.1 Bereits bestehende Elektrosysteme 113

10.2.2 Bereits bestehende Wasserstoffsysteme 116

10.2.3 ÖPNV-Segment - Technische Bewertung 117

10.3 ÖPNV-Segment (Bus, Bahn, Zug) - Technisches Fazit 119

10.3.1 Förderungen 119

11 Klimaziele der Welt 120

11.1 Internationale Abkommen und Gesetze 120

11.1.1 Wiener Übereinkommen zum Schutz der Ozonschicht (1985) 121

11.1.2 Klimarahmenkonvention (UNFCCC) (1992) 122

11.1.3 Kyoto-Protokoll (1997) 123

11.1.4 Asiatisch-Pazifische Partnerschaft (2005) 124

11.1.5 Übereinkommen von Paris (2015) 125

11.1.6 EU Klimaabkommen (Green Deal) 126

11.1.7 EU Klimagesetz 2021 127

11.2 Nationale Abkommen und Gesetze 127

11.2.1 Klimaschutzprogramm 2030 127

11.2.1.1 Bundesklimaschutzgesetz 2019/2021 129

12 Zukunftsszenarien 130

12.1 Szenario 1: Halt Stopp! Alles bleibt so wie es ist! 131

12.2 Szenario 2: Sofortiger Ausstieg aus fossiler und Kernenergie 132

12.3 Szenario 3: Der optimale Weg 134

13 Wahr oder Erfunden? 137

13.1   Aussagen zur alternativen Energieerzeugung 137

13.2   Aussagen zu alternativen Antrieben 140

14   Fazit 147

15   Stichwortverzeichnis 149

16   Literaturverzeichnis 154

Abbildungsverzeichnis

ABBILDUNG 1-1 TREIBHAUSGASEMISSIONEN 1990–2020 (HEßHAUS 2021)..............................6

ABBILDUNG 1-2 CO_2-EMISSIONEN PRO KOPF 2018 (HEßHAUS 2021) 7

ABBILDUNG 2-1 AUFBAU EINES (ASM)-GENERATORS (HEßHAUS 2021) 8

ABBILDUNG 2-2 EINHEITSKREIS SINUSKURVE 0 GRAD (HEßHAUS 2021) 11

ABBILDUNG 2-3 EINHEITSKREIS SINUSKURVE 90 GRAD (HEßHAUS 2021) 11

ABBILDUNG 2-4 EINHEITSKREIS SINUSKURVE 180 GRAD (HEßHAUS 2021) 12

ABBILDUNG 2-5 EINHEITSKREIS SINUSKURVE 270 GRAD (HEßHAUS 2021) 12

ABBILDUNG 2-6 ENERGIEGEWINNUNG AUS FOSSILEN BRENNSTOFFEN (HEßHAUS 2021) 13

ABBILDUNG 2-7 ENERGIEGEWINNUNG AUS KERNSPALTUNG (VEREINFACHT) (HEßHAUS 2021) 15

ABBILDUNG 2-8 PHYSIKALISCHES FLIEßGLEICHGEWICHT (HEßHAUS 2021) 17

ABBILDUNG 2-9 ENERGIEGEWINNUNG AUS WASSER/WINDKRAFT (HEßHAUS 2021) 18

ABBILDUNG 2-10 ENERGIEGEWINNUNG AUS BIOGENEN STOFFEN (N.HEßHAUS 2021) 19

ABBILDUNG 2-11 AUFBAU PHOTOVOLTAIKZELLE (HEßHAUS 2021)...................................20

ABBILDUNG 3-1 SICHERHEITSDATENBLATT WASSERSTOFF (HEßHAUS 2021)...................27

ABBILDUNG 3-2 AUFBAU ELEKTROLYSE (HEßHAUS 2021) 28

ABBILDUNG 3-3 ÖFFENTL. NETTOSTROMERZEUGUNG IN DE 2021, WOCHE 32 (HEßHAUS 2021) 31

ABBILDUNG 3-4 CCS (HEßHAUS 2021) 34

ABBILDUNG 3-5 WINKLER-GENERATOR (HEßHAUS 2021) 35

ABBILDUNG 3-6 FRACKING (HEßHAUS 2021) 38

ABBILDUNG 4-1 ÖLRAFFINATION (HEßHAUS 2021) 41

ABBILDUNG 5-1 HERSTELLUNG VON BIODIESEL (N.HEßHAUS 2021) 42

ABBILDUNG 6-1 ROHÖLVERSORGUNG DEUTSCHLAND (HEßHAUS 2021) 52

ABBILDUNG 7-1 AUFBAU KFZ (VEREINFACHT) (HEßHAUS 2021) 58

ABBILDUNG 7-2 PRINZIP OTTOMOTOR (VEREINFACHT) (HEßHAUS 2021) 60

ABBILDUNG 7-3 UNTERSCHIED ASM UND SM (HEßHAUS 2021) 66

ABBILDUNG 7-4 AUFBAU AKKUMULATOR (HEßHAUS 2021)...79

ABBILDUNG 7-5 LADEKURVE TESLA MODEL 3 (HEßHAUS 2021)....................................80

ABBILDUNG 7-6 VEREINFACHTER AUFBAU FLÜSSIGGASTANK (HEßHAUS 2021)...............83

ABBILDUNG 8-1 CO_2-EMISSIONEN DEUTSCHLAND 2020 (HEßHAUS 2021) 86

ABBILDUNG 8-2 VERGLEICH TREIBHAUSGAS-AUSSTOß 2018 (HEßHAUS 2021) 88

ABBILDUNG 9-1 TOYOTA MIRAI LAUFZEITKOSTENDIAGRAMM (HEßHAUS 2021)...............99

ABBILDUNG 9-2 TESLA MODEL 3 LAUFZEITKOSTENDIAGRAMM (HEßHAUS 2021)...........101

ABBILDUNG 9-3 BMW 318I LAUFZEITKOSTENDIAGRAMM (HEßHAUS 2021)...................102

ABBILDUNG 9-4 KOMBINIERTES LAUFZEITKOSTENDIAGRAMM (HEßHAUS 2021).............103

ABBILDUNG 10-1 EMISSIONEN IN G/PKW ÖPNV (HEßHAUS 2021)...............................112

ABBILDUNG 10-2 AUSLASTUNG ÖPNV (HEßHAUS 2021) 112

ABBILDUNG 10-3 BUSSYSTEM PLUG-IN (HEßHAUS 2021)..113

ABBILDUNG 10-4 BUSSYSTEM PANTOGRAPH (HEßHAUS 2021) 114

ABBILDUNG 10-5 BUSSYSTEM INDUKTION (HEßHAUS 2021) 115

ABBILDUNG 10-6 BUSSYSTEM OBERLEITUNG (HEßHAUS 2021) 115

Tabellenverzeichnis

TABELLE 2-1 DATEN FOSSILER ENERGIETRÄGER (HEßHAUS 2021) 14

TABELLE 2-2 DATEN DES ENERGIETRÄGERS KERNENERGIE (HEßHAUS 2021) 16

TABELLE 2-3 DATEN ERNEUERBARER ENERGIETRÄGER (HEßHAUS 2021) 22

TABELLE 2-4 DATEN ALLER ENERGIETRÄGER IM VERGLEICH (HEßHAUS 2021) 22

TABELLE 3-1 ZUSAMMENFASSUNG DER WASSERSTOFFARTEN (HEßHAUS 2021) 39

TABELLE 5-1 ZUSAMMENFASSUNG DER KRAFTSTOFFE (HEßHAUS 2021) 48

TABELLE 7-1 TREIBSTOFFOPTIONEN OTTOMOTOR (HEßHAUS 2021) 63

TABELLE 7-2 TREIBSTOFFOPTIONEN DIESELMOTOR (HEßHAUS 2021) 65

TABELLE 7-3 TREIBSTOFFOPTIONEN ELEKTROMOTOR (HEßHAUS 2021) 68

TABELLE 7-4 AFC SPEZIFIKATIONEN (HEßHAUS 2021) 71

TABELLE 7-5 PEMFC SPEZIFIKATIONEN (HEßHAUS 2021) 72

TABELLE 7-6 DMFC SPEZIFIKATIONEN (HEßHAUS 2021) 73

TABELLE 7-7 PAFC SPEZIFIKATIONEN (HEßHAUS 2021) 74

TABELLE 7-8 MCFC SPEZIFIKATIONEN (HEßHAUS 2021) 75

TABELLE 7-9 SOFC SPEZIFIKATIONEN (HEßHAUS 2021) 76

TABELLE 9-1 MORPHOLOGISCHER KASTEN PKW-SEGMENT (HEßHAUS 2021) 90

TABELLE 9-2 MÖGLICHE KOMBINATION OPTION 1 (HEßHAUS 2021) 91

TABELLE 9-3 MÖGLICHE KOMBINATION OPTION 2 (HEßHAUS 2021) 91

TABELLE 9-4 MÖGLICHE KOMBINATION OPTION 3 (HEßHAUS 2021) 92

TABELLE 9-5 MÖGLICHE KOMBINATION OPTION 4 (HEßHAUS 2021) 92

TABELLE 9-6 INDIVIDUALVERKEHR OPTION 1 (HEßHAUS 2021) 94

TABELLE 9-7 INDIVIDUALVERKEHR OPTION 2 (HEßHAUS 2021) 94

TABELLE 9-8 INDIVIDUALVERKEHR OPTION 3 (HEßHAUS 2021) 95

TABELLE 9-9 INDIVIDUALVERKEHR OPTION 4 (HEßHAUS 2021) 95

TABELLE 9-10 SPEZIFIKATIONEN TOYOTA MIRAI (HEßHAUS 2021) 97

TABELLE 9-11 SPEZIFIKATIONEN TESLA MODEL 3 (HEßHAUS 2021) 98

TABELLE 9-12 SPEZIFIKATIONEN BMW 318I (HEßHAUS 2021) 98

TABELLE 9-13 TOYOTA MIRAI KOSTEN (HEßHAUS 2021) 99

TABELLE 9-14 TESLA MODEL 3 KOSTEN (HEßHAUS 2021) 101

TABELLE 9-15 BMW318I KOSTEN (HEßHAUS 2021) 102

TABELLE 9-16 LISTE E-PKW (HEßHAUS 2021) 105

TABELLE 9-17 LASTENVERKEHR OPTION 1 (HEßHAUS 2021) 107

TABELLE 9-18 LASTENVERKEHR OPTION 2 (HEßHAUS 2021) 107

TABELLE 9-19 LASTENVERKEHR OPTION 3 (HEßHAUS 2021) 108

TABELLE 9-20 LASTENVERKEHR OPTION 4 (HEßHAUS 2021) 108

TABELLE 10-1 ÖPNV OPTION 1 (HEßHAUS 2021) 117

TABELLE 10-2 ÖPNV OPTION 2 (HEßHAUS 2021) 117

TABELLE 10-3 ÖPNV OPTION 3 (HEßHAUS 2021) 118

TABELLE 10-4 ÖPNV OPTION 4 (HEßHAUS 2021)...118
TABELLE 10-5 WIRT. VERGLEICH BUSSYSTEME (HEßHAUS 2021) 119

Formelverzeichnis

FORMEL 2-1 REAKTION DEUTERIUM + TRITIUM 24

FORMEL 2-2 REAKTION DEUTERIUM + HELIUM 25

FORMEL 3-1 GEKÜRZTE ELEKTROLYSEGLEICHUNG WASSER 29

FORMEL 3-2 DAMPFREFORMIERUNG METHANHALTIGEN GASES 32

FORMEL 3-3 WASSERSTOFF-SHIFT-REAKTION 32

FORMEL 5-1 FISCHER-TROPSCH REAKTION FÜR ALKANE 45

FORMEL 5-2 FISCHER-TROPSCH REAKTION FÜR ALKENE 45

FORMEL 5-3 FISCHER-TROPSCH REAKTION FÜR ALKOHOLE 45

FORMEL 5-4 POWER TO METHANOL SYNTHESE 46

FORMEL 7-1 AFC REAKTION 71

FORMEL 7-2 PEMFC REAKTION 72

FORMEL 7-3 DMFC REAKTION 73

FORMEL 7-4 PAFC REAKTION 74

FORMEL 7-5 MCFC REAKTION 75

FORMEL 7-6 SOFC REAKTION 76

FORMEL 7-7 REDOXGLEICHUNG LITHIUM-MANGAN-AKKUMULATOR 78

Abkürzungs- und Zeichenverzeichnis

%	Prozent = Pro Hundert
$(NF_3)^2$	Stickstofftrifluorid
*	Multiplikation
<	Kleiner als
>	Größer als
°	Grad
°C	Grad Celsius
a	Anno = Jahr
AFC	Alkaline Fuel Cell
Akku	Akkumulator
ASM	Asynchronmotor
B100	100% Biodiesel
B7	Fossiler Diesel mit 7% Biodieselanteil
BEV	Battery Electric Vehicle
bpd	Barrels of oil per day
BtL	Biomass to Liquid
BZ	Brennstoffzelle
C	Kohlenstoff
Castor	Cask for storage and transport of radioactive material
CCU	Carbon Capture and Utilisation
C_eO_2	Ceriumoxid
CH_4	Methan
CNG	Compressed natural gas
CO	Kohlenmonoxid
CO_2	Kohlenstoffdioxid
CSS	Carbon Capture and Storage
D	Deuterium
DMFC	Direct Methanol Fuel Cell
E85	Ethanol mit 15% fossilem Benzinanteil
eq	Equivalent
EU	Europäische Union
FCKW	Fluorchlorkohlenwasserstoff

FKW	Perfluorierte Kohlenwasserstoffe
FT-SPK	Synthetisches Kerosin
g	Gramm
GSP	Gas Systembau-Prüfung
GtL	Gas to Liquid
gWh	Gigawattstunden
h	Stunde
H_2	Wasserstoff
H_2O	Wasser
H_3O+	Oxoniumionen
He	Helium
HFKW	Fluorkohlenwasserstoffe
ITER	International Thermonuklear Experimental Reactor
KFW	Kreditanstalt für Wiederaufbau
KFZ	Kraftfahrzeug
KKB	Kunststoffkraftstoffbehälter
Km	Kilometer
Km/h	Kilometer pro Stunde
kWh	Kilowattstunden
l	Liter
Li	Lithium
LKW	Lastkraftwagen
LNG	Flüssigerdgas
LNG	Liquid natural gas
LSM	Lanthan-Strontium-Mangalit
m^3	Kubikmeter
MCFC	Molten Carbonate Fuel Cell
MeV	Megaelektronenvolt
min	Minuten
Mio	Millionen
mj	Megajoule
Mn	Mangan
Mrd	Milliarden
N_2O	Lachgas

NaCl	Natriumchlorid
NaIo	Natrium-Ionen
O	Sauerstoff
OH-	Hydroxid-Ionen
OPEC	Organization of the Petroleum Exporting Countries
ÖPNV	Öffentlicher Personennahverkehr
PAFC	Phosphoric Acid Fuel Cell
PEMFC	Proton Exchange Membrane Fuel Cell
Pkm	Personenkilometer
PKW	Personenkraftwagen
PN	Positiv/Negativ
PÖK	Pflanzenölkraftstoff
PS	Pferdestärken
PtM	Power to Methanol
Redox	Reaktion-Oxidation
RRP	Rotterdam-Rijn Pijpleiding
sek	Sekunden
SEPL	Südeuropäische Pipeline
SF$_6$	Schwefelhexafluorid
SM	Synchronmotor
SOFC	Solid Oxide Fuel Cell
SPD	Sozialdemokratische Partei Deutschland
SRM	Geschaltete Reluktanzmotoren
SSC	Samarium-Strontium-Kobalit
SynRM	Synchronreluktanzmotoren
T	Tritium
t	Tonnen
TAL	Transalpine Ölleitung
Tj	Terrajoule
Tkm	Tonnenkilometer
tWh	Terrawattstunden
UNFCCC	United Nations Framework Convention on Climate Change
USA	United States of America
V	Volt

W	Woche
WS	Wasserstoff
Δ	Delta (Differenz)

1 Einleitung

Klimakrise, Klimaziel, 1,5 °C, erneuerbare Energien. Worte, die in den letzten Jahrzehnten schon immer große Bedeutung hatten, mittlerweile aber auch aus den Medien nicht mehr wegzudenken sind.

Alternative Antriebskonzepte im Energiesektor, in der Industrie, im öffentlichen Personennahverkehr (ÖPNV) und auch im Individualverkehr sollen nun die Wende schaffen.

Wie immer bei, noch nicht in Großserie vertriebenen, Produkten, überwiegt bei den meisten Endkunden die Angst vor Neuem – sei es durch fehlerhafte oder durch unvollständige Informationen.

Auch finanzielle Problematiken stehen dem Umweltaspekt gegenüber.

Fragen bezüglich der Reichweite eines Batterie Electric Vehicle (BEV), den Systemkosten der Brennstoffzelle (BZ) oder der Sinnhaftigkeit von der Erzeugung alternativer Energie aus fossilen Brennstoffen – dieses Buch betrachtet die aktuell relevanten Antriebsstrategien sowie deren Kosten entlang der Produktionskette und bewertet diese auf technischer und wirtschaftlicher Ebene.

Es erklärt verschiedene Energieträger sowie Verfahren zur Herstellung alternativer Antriebsenergie wie Wasserstoff, Strom und E-Fuels.

Auch Antriebsarten und die benötigte Infrastruktur bedürfen Erklärung und eine nüchterne Prüfung auf Vor- und Nachteile.

Welche Rolle spielen die EU und die ölexportierenden Länder bei der Festlegung der Strategien?

Die Ergebnisse werden verwandt, um verschiedene Zukunftsszenarien zeichnen zu können.

Die folgenden Sachverhalte erfordern wenig technisches Verständnis. Sie werden leicht verständlich und knapp beschrieben und sollen einen Überblick vermitteln und zu Eigenrecherche anregen. Dementsprechend sind viele angegebene Quellen Sekundärliteratur, die große Themenkomplexe zusammenfassen.

Climate crisis, climate target, 1.5 °C, renewable energies. Words that have always had great significance in recent decades, but are now also indispensable in the media.

Alternative drive concepts in the energy sector, in industry, in local public transport (LPT) and also in private transport are now supposed to turn things around.

As always with the case of products that have not yet gone into mass production, most end customers are afraid of the new – be it due to faulty or incomplete information. Financial issues also weigh against the environmental aspect.

Questions regarding the range of a Battery Electric Vehicle (BEV), the system costs of the Fuel Cell (FC) or the sense of generating alternative energy from fossil fuels – this book looks at the currently relevant drive strategies as well as their costs along the production chain and evaluates them on a technical and economic level.

It explains different energy sources as well as processes for the production of alternative propulsion energy such as hydrogen, electricity and e-fuels.

Drive types and the required infrastructure also require explanation and a sober examination of advantages and disadvantages. What is the role of the EU and oil-exporting countries in defining strategies? The results are used to draw different future scenarios. The following facts require little technical understanding. They are described in an easy-to-understand and concise manner and are intended to provide an overview and to encourage self-investigation. Accordingly, many of the sources given are secondary literature that summarize large complexes of topics.

Treibhausgase kommen natürlicherweise in der Erdatmosphäre vor und erfüllen einen wichtigen Zweck: ohne sie würde die Erdwärme ungehindert ins Weltall entweichen. Ohne Treibhausgase friert die Erde ein. Das Ende jeglichen Lebens auf dem Planeten wäre die Folge. Neben dem bekannten Kohlenstoffdioxid (CO_2) werden lt. Kyoto-Protokoll[1] folgende Gase zu den wichtigsten Treibhausgasen gezählt:

- Methan (CH_4)

- Lachgas (N_2O)

- wasserstoffhaltige Fluorkohlenwasserstoffe (HFKW)

- perfluorierte Kohlenwasserstoffe (FKW)

- Schwefelhexafluorid (SF_6)

- Stickstofftrifluorid (NF_3)[2]

Circa drei Viertel der von Menschen erzeugten Treibhausgase ist Kohlenstoffdioxid. Die Mengen der anderen Gase werden aufgrund dieser Bedeutung und der leichteren Vergleichbarkeit in CO_2-Äquivalenten angegeben:

- CO_2: 1 CO_2 eq

- Methan: 28 CO_2 eq

- Lachgas: 265 CO_2 eq

- F-Gase: 100–24.000 CO_2 eq

---

[1] Kyoto-Protokoll: Bedeutendes Schriftstück zur Ausgestaltung der Klimarahmenkonvention der Vereinten Nationen mit dem Ziel des Klimaschutzes.

[2] Vgl. (Karl-Heinz Erdmann (Hrsg.) 1997), S.312ff.; (Ranke 2019) S.125; (Oberthür 1999).

Da eine angemessene Menge an Treibhausgasen die Erde vor dem Auskühlen bewahrt, kann eine zu hohe Menge das Gegenteil bewirken. Zuviel Wärme wird aufgehalten und die Erde erwärmt sich. Dieses Phänomen ist unter dem Namen "Treibhauseffekt" bekannt.

Die Ausmaße einer Erderwärmung zeigen sich in häufigeren und schwerwiegenderen Klimakatastrophen wie Hochwasser (z.B. im Sudan im Jahr 2020 mit 830.000 betroffenen Menschen und 166.000 zerstörten Gebäuden) oder Bränden (z.B. im brasilianischen Bundesstaat Amazonas mit 7.766 Feuern allein im August 2020).

Aber auch langsamere Veränderungen führen zu großen Problemen. So sind warme Gebiete in absehbarer Zeit nicht mehr bewohnbar, Flüchtlingsströme hin zu kälteren Gebieten sind die Folge.[3] Dies wiederrum sorgt für eine Ballung von Menschen und damit verbunden ist weniger verfügbarer Platz zum Wohnen, unzureichende medizinische Versorgung und Armut durch zusammenbrechende Arbeits- und Rentensysteme.

---

[3] Vgl. (Wagener 2019).

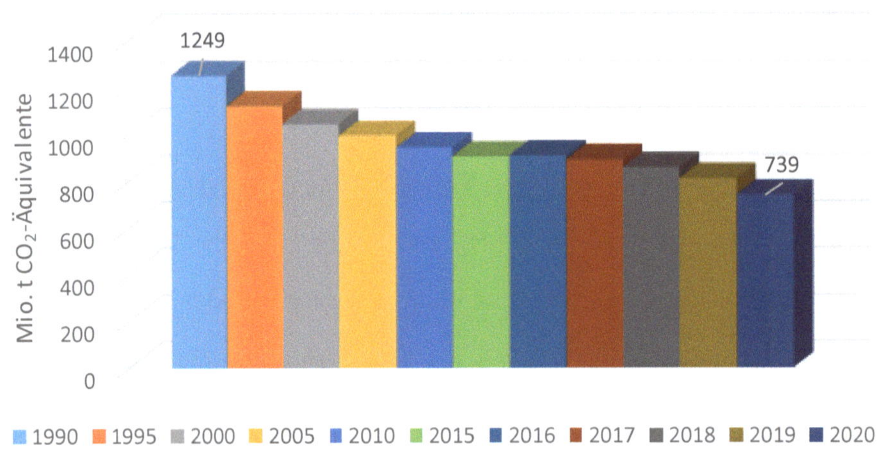

Abbildung 1-1 Treibhausgasemissionen 1990–2020 (Heßhaus 2021)[4]

Auch wenn die Treibhausgasemissionen seit Jahrzehnten fast kontinuierlich sinken, ist die Geschwindigkeit bei weitem nicht ausreichend: zwischen 2030 und 2052 sind die kritischen 1,5 °C Erderwärmung überschritten. Ein irreversibler[5] Schaden würde entstehen. Diese Werte sind Schätzungen, allerdings dürfte eines klar sein: Je eher die Treibhausgase auf einem akzeptablen Niveau gehalten werden können, desto besser.

Solange keine adäquate Technik zur Reduzierung der sich in der Atmosphäre befindlichen Gase existiert, kann dies nur über die Einstellung der Treibhausgasemissionen erfolgen, allen voran CO_2, welches aus der Verbrennung fossiler Rohstoffe wie Kohle oder Öl entsteht.

---

[4] Werte: (Umweltbundesamt 2020).

[5] Irreversibel: Nicht mehr rückgängig zu machen.

Das Klimaziel muss weltweit verfolgt werden. Deutschland nimmt hierbei eine Sonderposition ein, da es als technik- und wirtschaftsgetriebenes Land am ehesten in der Lage ist, Technologien für den Wandel bereitzustellen.

Gleichzeitig ist der pro-Kopf-Ausstoß an CO_2 in Deutschland sehr hoch, es ist also nicht nur eine Lösung, sondern auch großer Teil des Problems.

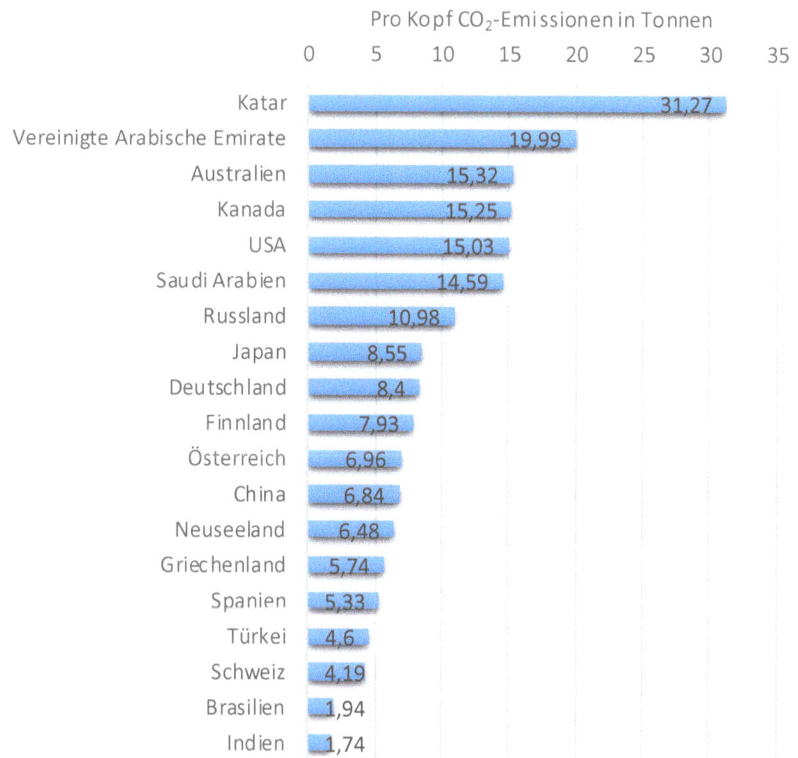

Abbildung 1-2 CO_2-Emissionen pro Kopf 2018 (Heßhaus 2021)[6]

---

[6] Werte: (Statista 2019).

2 Energieerzeugung

2.1 Grundsätzliches zu Generatoren

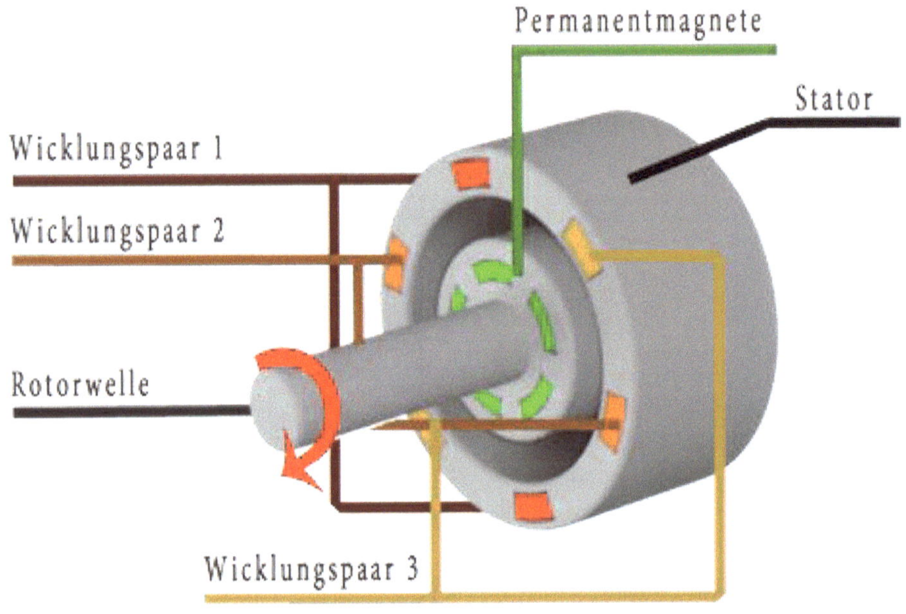

Abbildung 2-1 Aufbau eines (ASM)-Generators (Heßhaus 2021)

Der Generator ist essentieller Bestandteil der meisten Aufbauten zur Energieerzeugung. Das Prinzip wird hier anhand eines Synchrongenerators erläutert. Eine technische Abgrenzung zu Asynchronmaschinen folgt im Kapitel „Antriebsoptionen".

Die grundsätzliche Funktion eines Generators besteht darin, eine rotatorische Kraft in elektrische Spannung umzuwandeln.

Dazu wird eine Welle mit Permanentmagneten bestückt (was im umweltpolitischen Diskurs bereits eines der größten Probleme darstellt, da "Seltene Erden" wie z.B. Kobalt oder Neodym benötigt werden, die endlich sind und teilweise unter menschenunwürdigen Bedingungen gefördert werden).

Wird diese Welle gedreht, rotieren dementsprechend auch die Permanentmagneten und deren Magnetfeld. Diese ganze Einheit nennt sich wenig überraschend Rotor.

Um den Rotor herum befindet sich der starre Teil des Generators, der Stator. Dieser ist anstatt mit Permanentmagneten, mit einer gewissen Anzahl von Spulen bestückt, die einander gegenüber verbunden sind.

Spulen bestehen in der Regel aus Kupferdraht, der um einen Eisenkern[7] gewickelt ist. Durch das sich drehende Magnetfeld des Rotors werden diese Spulen beeinflusst (die hier wirkende Kraft nennt sich Lorentzkraft[8]).

Es entsteht eine Ladungsverschiebung und damit eine Potentialdifferenz[9]. Die so erzeugte Spannung kann außen an den Spulen abgegriffen werden. Die Höhe der Spannung steigt mit der Drehgeschwindigkeit des inneren Magnetfeldes, also des Rotors. Durch die Anordnung der Spulen erzeugt ein solcher Generator Wechselstrom.

Mit diesem Wissen ist nun klar, dass bei Nutzung dieser Technik nur eine Kraft fehlt, die auf die Rotorwelle einwirkt, um elektrischen Strom und damit die Basis nahezu aller alternativen Antriebskonzepte zu erzeugen.[10]

---

[7] Eisen = Ferrit = FE.
[8] Lorentzkraft: Kraft, die eine Ladung in einem magnetischen oder elektrischen Feld erfährt.
[9] Die Ladungen sind an verschiedenen Stellen unterschiedlich hoch.
[10] Vgl. (Hau 2008) S.362ff; (Vogg 2008) S.235.

Das rotierende Magnetfeld des Rotors ist nicht rund, sondern eher oval. Dadurch kommt es während der Drehung zu verschiedenen Spannungszuständen. Zur Verdeutlichung legt man einen Einheitskreis[11] auf den Generator und sieht den blauen Pfeil als Magnetfeld an, dessen Pole sich an Spitze und Rückseite befinden. Die Spannung wird bei + und − abgegriffen. Der Zeiger, also das Magnetfeld, rotiert nun gegen den Uhrzeigersinn. Am ersten Punkt beträgt die Spannung 0, da sich der Spannung induzierende[12] Pol des Magnetfelds weit weg von den Abnehmerpolen befindet. Rotiert das Feld weiter, befindet sich der Pol genau auf +, die Spannung ist also maximal (1). Nach einer weiteren Vierteldrehung beträgt die Spannung wieder 0, gefolgt von einer maximalen Spannung, die jedoch in die entgegengesetzte Richtung fließt (-1). Die Spannung wechselt also die Richtung (die Spannung ist bei -1 trotzdem vorhanden). Uns Verbraucher stört die Richtung wenig, denn solange Spannung da ist, funktioniert unsere Kaffeemaschine genauso wie unser Staubsauger. Wenn diese Zustände der Drehung auf einen Graphen übertragen werden, erhält man eine Sinuskurve, die die Wechselspannung beschreibt (wissenswert: eine Cosinus-Kurve entsteht genau so, hat allerdings den Anfangspunkt anstatt bei 0 bei 1 und ist somit nur eine verschobene Sinuskurve).

---

[11] Kreis mit einem maximalen Radius von 1, optisch geteilt bei 90, 180, 270 und 360 Grad.
[12] Induzieren: Durch äußere Umstände angeregt.

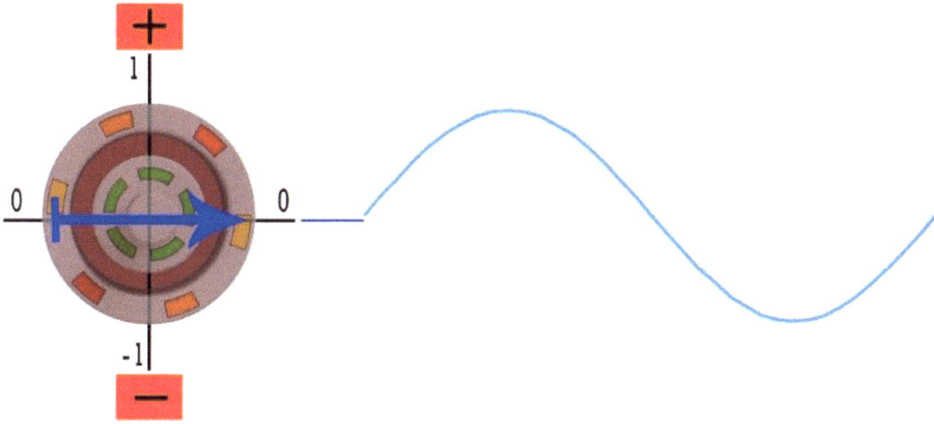

Abbildung 2-2 Einheitskreis Sinuskurve 0 Grad (Heßhaus 2021)

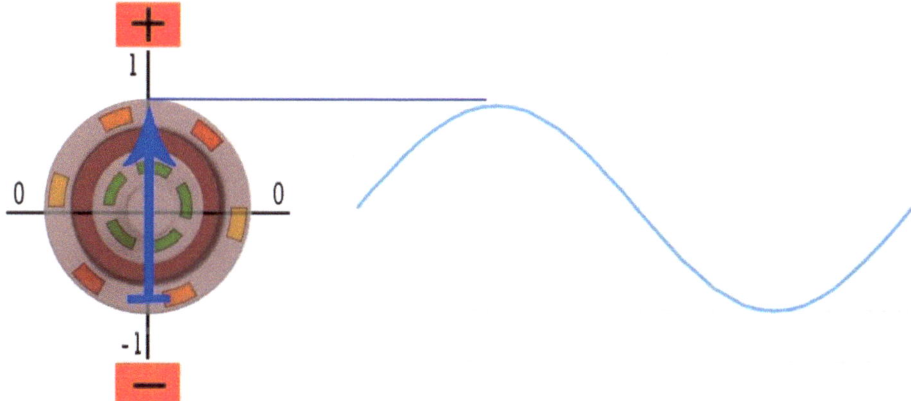

Abbildung 2-3 Einheitskreis Sinuskurve 90 Grad (Heßhaus 2021)

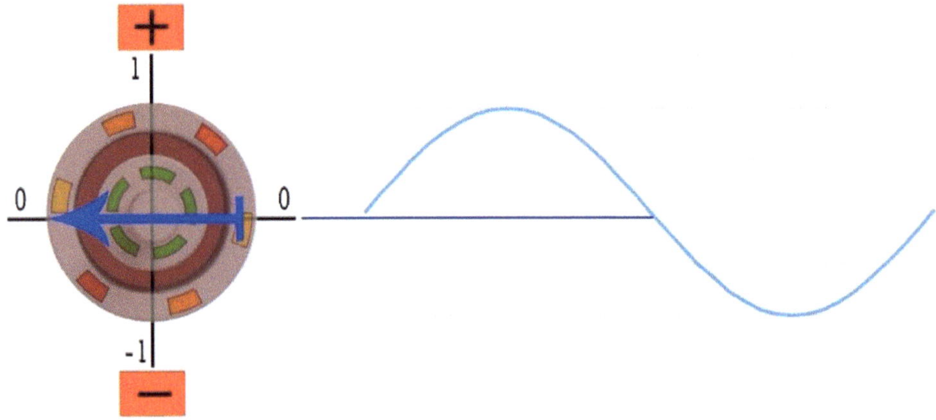

Abbildung 2-4 Einheitskreis Sinuskurve 180 Grad (Heßhaus 2021)

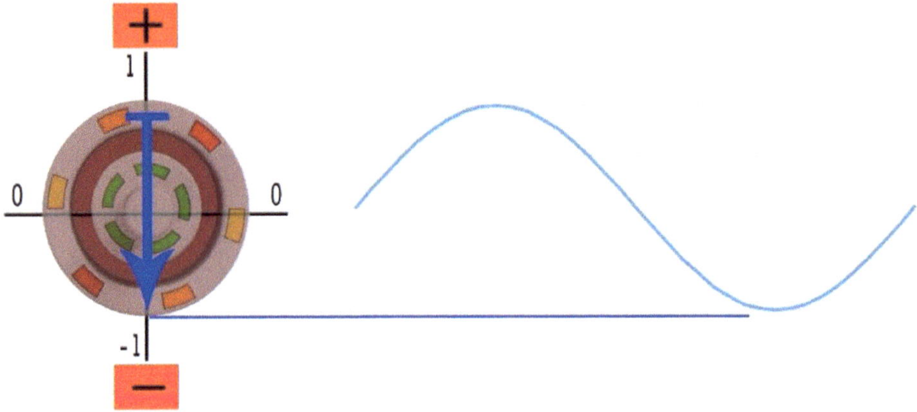

Abbildung 2-5 Einheitskreis Sinuskurve 270 Grad (Heßhaus 2021)

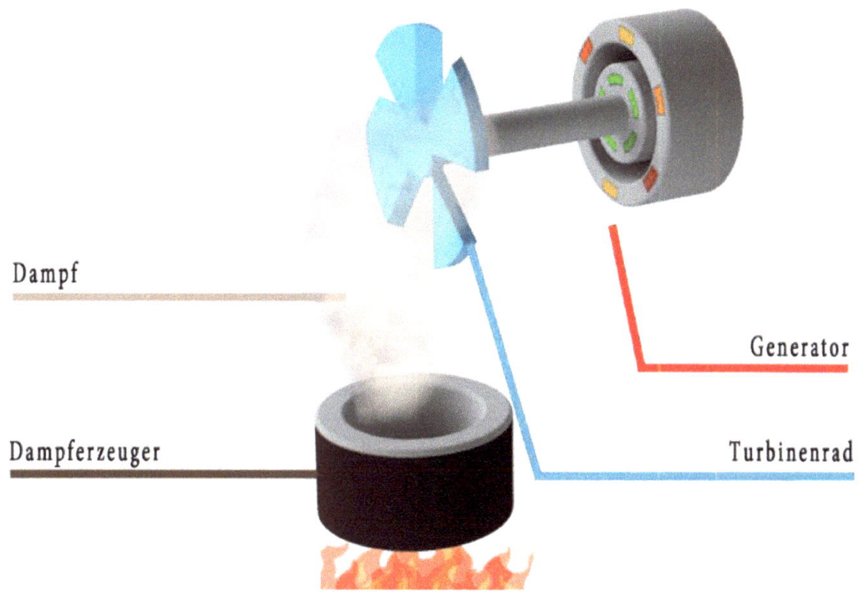

Abbildung 2-6 Energiegewinnung aus fossilen Brennstoffen (Heßhaus 2021)

Mithilfe von fossilen Brennstoffen[13] kann eine für den Generator benötigte Drehkraft erzeugt werden. So wird ein Kohleluftgemisch, Öl oder Erdgas verbrannt, um Wasserdampf zu erzeugen, welcher wiederrum eine Turbine und damit den Generator antreibt. Moderne Verbrennungskraftwerke sind mit aufwendigen Filteranlagen ausgestattet, um den ausgestoßenen Teil der Verbrennung zu säubern.

---

[13] Fossile Brennstoffe: Aus Fossilien, also durch tote Pflanzen und Tiere unter Druck vor Jahrmillionen
 entstandene und aus der Erde geförderte Brennstoffe.

Entstehende Wärme wird z.B. als Fernwärme zu Privathaushalten geliefert. Der zur Stromerzeugung genutzte Wasserdampf wird durch Kondensatoren geleitet, getrennt und zum Teil wieder dem Dampferzeugungsprozess zugeführt, während ein weiterer Teil über einen Kühlturm ausgestoßen wird.[14]

Kraftwerke, die mit fossilen Brennstoffen arbeiten, sind also sehr effizient, können aber trotzdem nicht verhindern, dass bei der Verbrennung selbst Kohlenstoffdioxid (CO_2) entsteht (= Emissionen).

Energieträger	Steinkohle	Braunkohle	Erdgas
Anteil an der Energieerzeugung 2020 [%]	7,5	16,2	16,1
Anteil 2020 [Mrd. kWh]	42,5	91,7	91,6
Wirkungsgrad [%][15]	43,7	39,5	30,6
Emissionen [kg CO_2/Tj][16]	93.675	97.488	55.749

Tabelle 2-1 Daten fossiler Energieträger (Heßhaus 2021)

---

[14] Vgl. (Hook 2019) S.54ff.

[15] Wirkungsgrad: Verhältnis der zugeführten Energie zu erzeugter nutzbarer Energie.

[16] (Statistisches Bundesamt 2021); (Umweltbundesamt 2021); kWh = Kilowattstunde; Tj = Terrajoule.

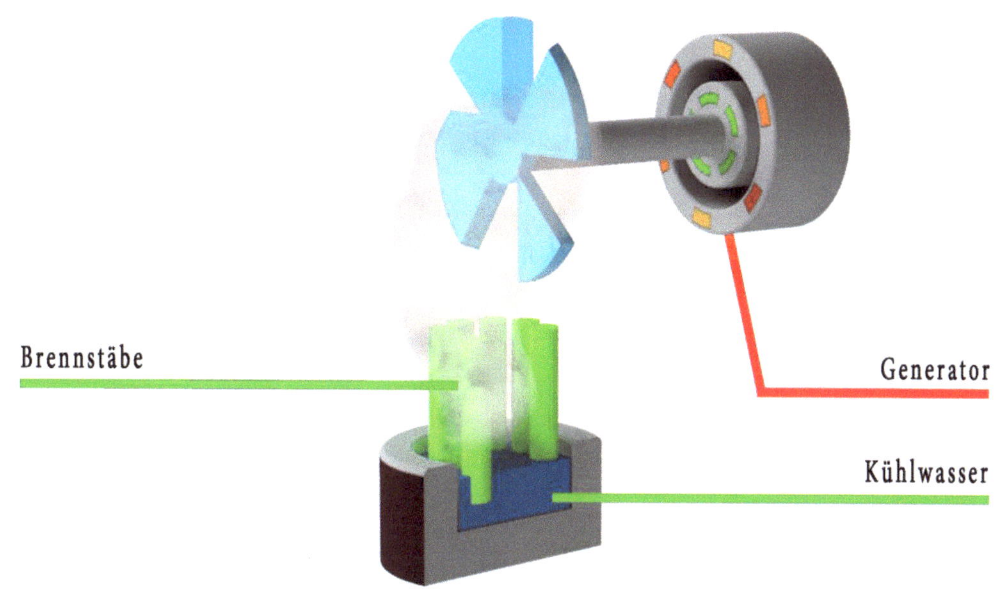

Abbildung 2-7 Energiegewinnung aus Kernspaltung (vereinfacht) (Heßhaus 2021)

Auch die Kernenergie bedient sich der Dampfturbinentechnik. Im Gegensatz zur Energiegewinnung aus fossilen Brennstoffen wird hier der Dampf jedoch durch eine Kernspaltung des radioaktiven Materials Uran erzeugt (das angeblich ergiebigere und häufiger verfügbare Thorium befindet sich in der Testphase).

Diese einmal angeregte Spaltung wird durch ständige Kühlung erhalten und sondert Wärme ab, die das Kühlwasser den Aggregatzustand ändern lässt und die Turbine antreibt.

Kurz gesagt: Der Brennstab erhitzt Wasser zu Dampf. Anschließende Kondensation und Abkühlung in einem Wärmetauscher sorgt für einen geschlossenen Kreislauf für die radioaktiven Komponenten.[17]

Energieträger	Kernenergie
Anteil an der Energieerzeugung 2020 [%]	11,3
Anteil 2020 [Mrd. kWh]	64,3
Wirkungsgrad [%]	33
Emissionen [kg CO_2/Tj]	3.333[18]

Tabelle 2-2 Daten des Energieträgers Kernenergie (Heßhaus 2021)

2.1.4 Regenerative Energieerzeugung

---

[17] Vgl. (Konstantin 2009) S.295ff.
[18] Geschätzte CO2- Äquivalente.

2.1.4.1   Definition

Regenerative Energieträger sind in verschiedenen Publikationen verschieden definiert, die physikalische Betrachtung eint diese Definitionen jedoch: Wenn sich die Zufuhr ins Energiereservoir, das Reservoir selber und die Abfuhr im Gleichgewicht befinden, handelt es sich um eine regenerative Quelle.

Praktisch bedeutet es, dass nur unendliche Quellen, bzw. Quellen, die sich selber erneuern für die regenerative Energieerzeugung in Betracht kommen (zumindest unendlich im Kontext des menschlichen Horizonts).

Dazu zählen Wasser, Wind, Sonne sowie biogene Stoffe wie Holz. Endliche Quellen wie Kohle hingegen nicht.[19]

2.1.4.2   Wasser- und Windkraftwerke

Wasserkraftwerke nutzen die kinetische[20] Energie fließenden Wassers. Sie sind entweder an Bächen oder Flüssen gebaut, um die natürliche Bewegung kontinuierlich[21] zu nutzen oder speichern Wasser in künstlichen oder natürlichen Bassins (z.B. Stauseen) und lassen dieses nur bei Bedarf über die Turbinenräder fließen, das dann den Generator mit rotatorischer Energie speist.

Windkraftwerke erzeugen diese rotatorische Energie durch Wind. Die effektivsten Windkraftanlagen stehen 15 bis 90 km von der Küste entfernt auf dem Wasser.

---

[19] Vgl. (Voss 2004) S.2.
[20] Kinetische Energie = Bewegungsenergie.
[21] Kontinuierlich = Fortlaufend.

Dort können keine Bauwerke den Luftstrom behindern und die Entfernung sorgt dafür, dass die Anlagen selber auch nicht zur Behinderung werden.[22] Der Wind trifft auf die Rotorblätter, die angewinkelt sind und bringt sie dazu, sich zu drehen.

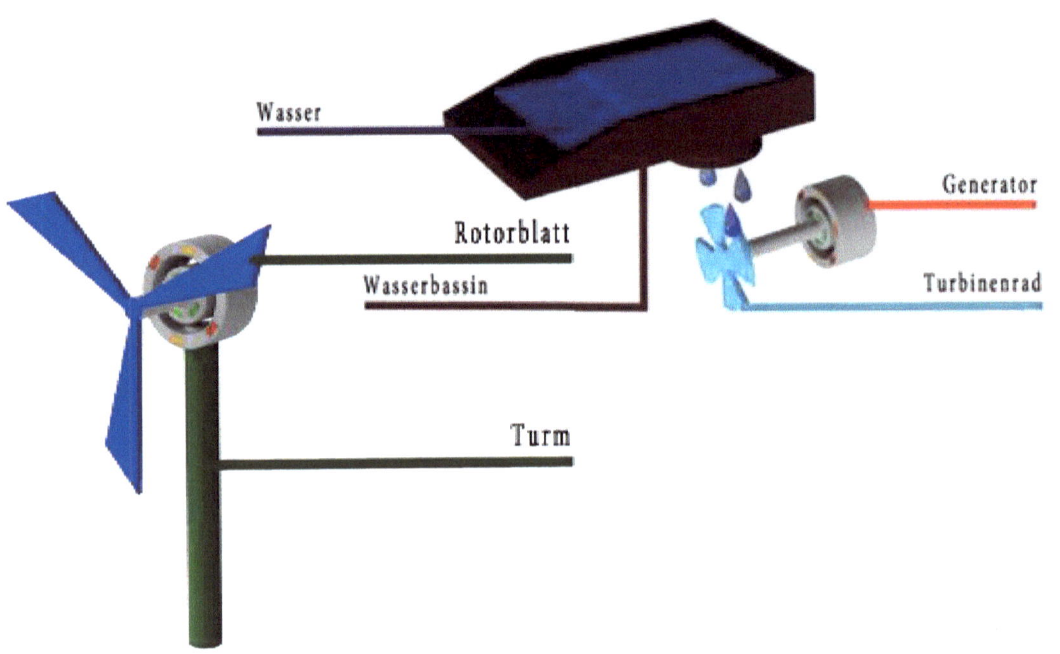

Abbildung 2-9 Energiegewinnung aus Wasser/Windkraft (Heßhaus 2021)

---

[22] Vgl. (Kaltschmitt 2013) S.312.

Biogasanlagen erzeugen Gas, indem organische Komponenten wie Pflanzen oder Kuhdung durch Bakterien biologisch abgebaut werden. Dies geschieht in einer anaeroben Umgebung (kein Sauerstoff). Das Gas speist einen Gasmotor (eine Unterart des Verbrennungsmotors), der wiederum einen Generator antreibt.[23]

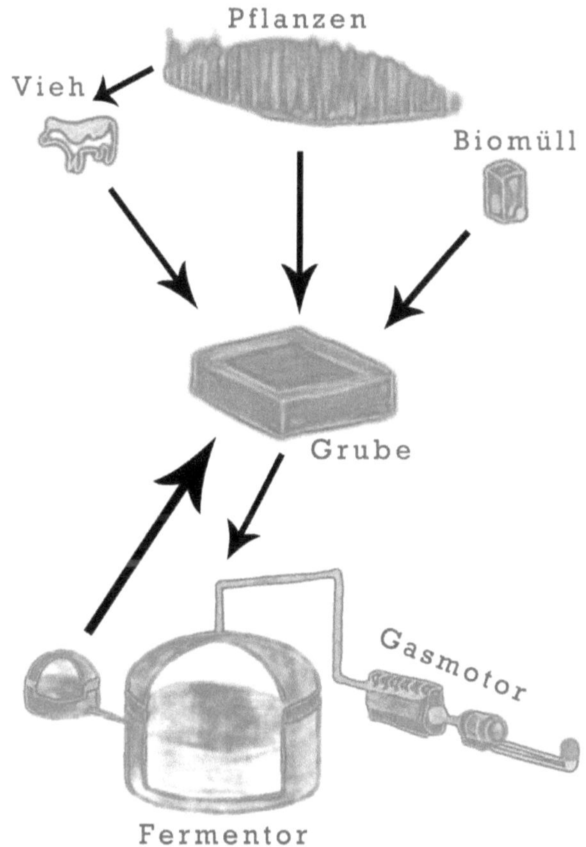

Abbildung 2-10 Energiegewinnung aus biogenen Stoffen (N.Heßhaus 2021)

---

[23] Vgl. (Linde 2013); (Hans Hartmann 2009).

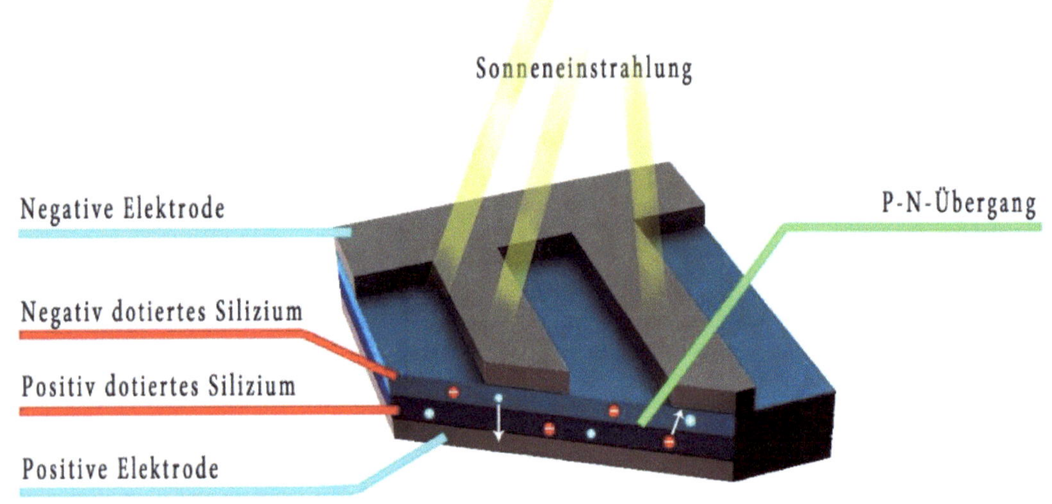

Abbildung 2-11 Aufbau Photovoltaikzelle (Heßhaus 2021)

Die Energiegewinnung aus Strahlungsenergie unterscheidet sich grundlegend von allen anderen dargestellten Energiegewinnungsanlagen. Sie nutzt keine Turbinen und Generatoren und geht keinen Umweg über rotatorische Kräfte. Hier wird Energie auf Elementarteilchenebene erzeugt.

Eine Photovoltaikzelle ist aus zwei übereinanderliegenden Schichten Halbleitern (Material, welches erst bei Eintreten von einem gewissen Energiespektrum leitend wird, meist Silizium) aufgebaut, die von immer leitenden Schichten eingefasst sind, die die Pole darstellen.

Die Halbleiterschichten sind dotiert, es sind also künstlich (zu viele) Fremdatome einer bestimmten Ladung hinzugefügt worden (N-dotiert = künstlich eingebrachte negative Atome, P-dotiert = künstlich eingebrachte positive Atome).

Durch dieses Ungleichgewicht entsteht zwischen den Schichten ein Übergang (PN-Übergang), in dem eine elektrische Spannung herrscht. Wird nun durch Sonneneinstrahlung ein negativ geladenes Elektron aus der negativ dotierten Schicht gelöst, kann sich dieses, genau wie sein ursprünglicher Platz (Loch), im Elektronengitter frei bewegen.

Trifft dieses Paar (Elektronen-Loch-Paar) in den PN-Übergang ein, wird es „zerrissen“ und die entstandenen Teile wandern zu den dementsprechenden Polen (Elektronen zur negativen Seite). Wird ein Verbraucher angeschlossen, fließen die Elektronen durch diesen zum anderen Pol. So wird dieser mit Strom versorgt.[24]

---

[24] Vgl. (Photovoltaiksolarstrom.com 2021); (Kaltschmitt 2013) S.193ff.

Energieträger	Wasserkraft	Windenergie	Photovoltaik	Biogene Stoffe
Anteil 2020 [%]	3,3	23,7	9	8,8
Anteil 2020 [Mrd. kWh]	18,7	134,5	51	50,3
Wirkungsgrad [%]	bis zu 90%	59,3	14–18	30–40
Emissionen [kg CO_2/Tj]	Emissionsfrei[25]			

Tabelle 2-3 Daten erneuerbarer Energieträger (Heßhaus 2021)

	Steinkohle	Braunkohle	Erdgas	Kernbrennstoffe	Wasserkraft	Windenergie	Photovoltaik	Biogene Stoffe
Anteil 2020 [%]	7,5	16,2	16,1	11,3	3,3	23,7	9	8,8
Anteil 2020 [Mrd. kWh]	42,5	91,7	91,6	64,3	18,7	134,5	51	50,3
Wirkungsgrad [%]	43,7	39,5	30,6	33	bis 90	59,3	14–18	30–40
Emissionen [kg CO_2/Tj]	93.675	97.488	55.749	3.333	Emissionsfrei			

Tabelle 2-4 Daten aller Energieträger im Vergleich (Heßhaus 2021)

---

[25] Der Bau der Kraftwerke ist weder bei fossilen, atomaren, noch regenerativen Energieträgern einberechnet. Biomassekraftwerke gelten als emissionsfrei, da bei der Verbrennung die gleiche Menge CO_2 freigesetzt wird, die die Biomassen vorher aufgenommen haben.
Werte: Umweltbundesamt.

2.1.5   Zukunftsausblick: Vortex Bladeless Energy (Solid State)

Das Unternehmen Vortex forscht an „Windrädern" ohne bewegliche Teile. Hohe Türme vibrieren durch den auftreffenden Wind und wandeln diese Bewegungen in Energie um. Zugrunde liegt eine ausgefeilte Technik aus Permanentmagneten, die die Eigenschwingung des Turms dem aktuellen Windaufkommen anpassen können. Diese Technik wird noch nicht kommerziell genutzt.

2.1.6   Zukunftsausblick: Kernfusion

Ein Kernfusionsreaktor erzeugt Wärme durch den Zusammenstoß bestimmter Atomkerne. Dabei werden energiereiche Teilchen abgespalten, die ihre Energie wiederrum als Wärme abgeben, Wasser erhitzen und in der Folge Dampfturbinen antreiben können.

Um die Trennung der Atome zu generieren, werden sehr hohe Temperaturen und etwas Druck benötigt. Das größte Problem ist eine konstante Erhitzung.

Aktuelle Forschungen arbeiten mit supraleitenden Elektromagneten, die das, aus den Atomen entstehende elektrisch leitende, Plasma schwebend in einem Vakuum einschließen. Eine Berührung der Außenwände hätte eine sofortige Abkühlung und damit einen Abbruch der Kettenreaktion zufolge.[26]

Der momentan aussichtsreichste Atom-Mix besteht aus den Wasserstoffisotopen Deuterium (D) und Tritium (T). Neben einem gewissen Druck sind Temperaturen von 150 Mio. Kelvin (149.999.726,85 °C) vonnöten.

---

[26] Vgl. (Raeder 1981); (Bernd Diekmann 2013) S.288ff.

Das abgespaltene Neutron kann bis zu 14,1 MeV (Megaelektronenvolt) abgeben. Die Reaktionsgleichung lautet:

$$2D + 3T \rightarrow 4HE(3{,}5MeV) + n(14{,}1MeV)$$

Der Physiker Prof. Dr. Claus Grupen, Autor des mittlerweile zu einem Standard gewordenen Buches „Astroteilchenphysik", zeigte folgendes Beispiel auf:

Bei einer Menge von 10 Gramm Deuterium (kann aus 500 l Wasser gewonnen werden) und 15 Gramm Tritium (kann aus 30 Gramm Lithium erzeugt werden) (entsprechend je 3·1024 Atomkernen) werden pro Fusionsprozess 14,1 MeV nutzbare Energie erzeugt.

$\Delta E = 3 \cdot 1024 \cdot 14, 1\ MeV = 6, 77 \cdot 1012\ J = 1, 88 \cdot 106\ kWh$

Soviel verbraucht eine Person im Laufe ihres Lebens.[27]

Neben Wasser kommt hier die Seltene Erde Lithium ins Spiel. Seltene Erden sind immer wieder Thema hitziger Diskussionen über Sinn oder Unsinn deren Verwendung, da auch sie endlich sind.

Zum Vergleich: Das Beispiel nennt 30 Gramm Lithiumverbrauch pro Person, der typische Akku eines Tesla Model S benötigt etwa 10 Kilogramm.

---

[27] (Grupen 2008).

Der Lithiumgehalt eines einzelnen Tesla-Akkus könnte dementsprechend den lebenslangen Energiebedarf von rund 334 Menschen decken.

Eine weitere Möglichkeit der Wärmeerzeugung liefert eine Deuterium-Helium3-Reaktion.

$$2D + 3He \rightarrow 4He(3,6MeV) + p(14,7MeV)^{28}$$

Formel 2-2 Reaktion Deuterium + Helium[29]

Neben der höheren Energieausbeute von 14,7 MeV (+0,6 MeV) kann auch die Radioaktivität während des Prozesses gesenkt werden, da weniger Neutronen abgespalten werden. Durch eine Nebenreaktion könnte hier auch Tritium entstehen, welches dann wiederrum in einer Deuterium-Tritium-Reaktion Wärme erzeugen kann, ohne Lithium zu verbrauchen.

Das grundlegende Problem an dieser Stoffkombination stellt die Verfügbarkeit von Helium3 auf der Erde dar. Während Mondgestein erhebliche Mengen birgt, stellt unser Planet eine sehr geringe Menge zur Verfügung.

Die Energieerzeugung hat es jedoch noch nicht über Machbarkeitsbeweise hinausgeschafft. Die vielversprechendsten Daten liefert bislang der ITER.

---

[28] MeV = Megaelektronenvolt.
[29] Vgl. (Leifiphysik.de 2021).

Der ITER (International Thermonuclear Experimental Reactor) ist ein Versuchsreaktor und seit 2007 beim südfranzösischen Kernforschungszentrum Cadarache im Bau.

Nach jetziger Planung soll in der Anlage erstmals im Dezember 2025 ein Wasserstoffplasma erzeugt werden. Etwa ab 2035 wird Tritium in die Forschungen eingebunden.

3   Grundlagen Wasserstoff

Wasserstoff ist ein natürlich vorkommendes und durch verschiedene Verfahren herstellbares Gas, welches ein hohes Potential im Energiesektor bietet. Allen voran ist es jedoch ein ungiftiges, jedoch leicht entzündliches Gas, das bei nicht sachgerechter Nutzung tödliche Situationen hervorrufen kann.

Sicherheitsdatenblätter enthalten zwingend eine Auflistung der Gefahren und sind beim Vertrieb der meisten Stoffe notwendig.

Ein solches Datenblatt kann wie folgt aussehen:

Sicherheitsdatenblatt (Wohin und Womit?)
gemäß Verordnung (EG) Nr. 1907/2006

Produktbezeichnung : Wasserstoff, komprimiert

Überarbeitet am :
01.12.2021
Nummer der Fassung : Ersetzt Fassung Nummer :
0001

Mögliche Gefahren

2.1 Einstufung des Stoffs oder Gemischs
Verordnung (EG) Nr. 1272/2008

Physikalische Gefahren

Entzündbares Gas Kategorie 1 H220: Extrem entzündbares Gas
Gase unter Druck Komprimiertes Gas H280: Kann bei Erwärmung explodieren

2.2 Kennzeichnungselemente
Verordnung (EG) Nr. 1272/2008

Signalwort: Gefahr

Gefahrenhinweise H220: Extrem entzündbares Gas
H280: Kann bei Erwärmung explodieren

Sicherheitshinweise P210: Von Hitze, heißen Oberflächen, Funken, offenen Flammen und
anderen Zündquellen fernhalten. Nicht rauchen.

Abbildung 3-1 Sicherheitsdatenblatt Wasserstoff (Heßhaus 2021)

3.1 Wasserstoffherstellung durch Elektrolyse

3.1.1 Grundlagen der Elektrolyse

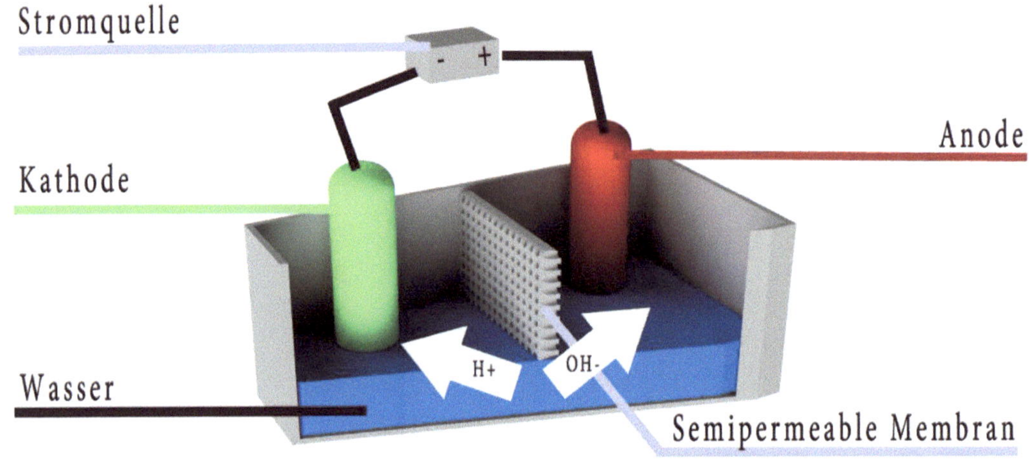

Abbildung 3-2 Aufbau Elektrolyse (Heßhaus 2021)

Generell trennt die Elektrolyse Stoffe mithilfe einer elektrischen Spannung. Die Trennung von Wasser, um Wasserstoff zu erhalten, erfolgt durch eine sogenannte Redoxreaktion (Reduktions-Oxidations-Reaktion).

Die Oxidation, also die Elektronenabgabe an das Wasser findet an der Anode[30] statt. Die Kathode nimmt Elektronen auf. Wasser selbst produziert ohne Fremdeinwirkung ständig Oxonium-Ionen (H_3O+) und Hydroxidionen (OH-).

Die Oxonium- Ionen wandern zur Kathode, nehmen dort durch Oxidation ein Elektron auf und bilden Wasserstoffmoleküle.

Die Hydroxid-Ionen wandern zur Anode. Dort bilden sie Wasser oder Sauerstoff.

---

[30] Anode = Elektronen abgebende Elektrode, Kathode = Elektronen aufnehmende Elektrode

Die gekürzte Redoxreaktionsgleichung lautet

$$2H_2O \rightarrow 2H_2 + O_2$$

Formel 3-1 Gekürzte Elektrolysegleichung Wasser[31]

Kurz gesagt: Die Elektrolyse spaltet Wasser in Wasserstoff und Sauerstoff auf, indem man Strom zuführt.

Verschiedene Techniken arbeiten mit Hochdruck oder Hochtemperaturen sowie verschiedenen Elektrolyten[32] und Elektroden (AEL, PEM, HAT-SOEC …) und variieren somit im Wirkungsgrad.[33]

3.1.1.1 Grüner Wasserstoff

Grüner Wasserstoff wird durch Elektrolyse gewonnen, die ihren Strombedarf ausschließlich aus erneuerbaren Energien deckt. Da Emissionen somit kein Problem mehr darstellen, ist auch die Frage der Effizienz diesbezüglich hinfällig. Natürlich ist eine höhere Effizienz ein anzustrebendes Ziel, eine geringe schadet jedoch nicht mehr, wenn genug Strom zur Verfügung steht.[34]

---

[31] Vgl. (Chemie-schule.de 2021); (Töpler 2017) S.8ff; (Geitmann 2021) S.71ff.
[32] Elektrolyt = Material, welches bewegliche Ionen enthält und somit Strom leitet.
[33] Vgl. (Dohmann 2019).
[34] Vgl. (Quaschning 2021) S.339.

Roter/Pinker Wasserstoff entsteht ebenso wie grüner Wasserstoff durch die Elektrolyse von Wasser. Der einzige Energieträger stellt jedoch die Kernenergie dar.

Deutschland plant, bis 2022 alle Kernkraftwerke abzuschalten. Zeitweise ersetzen bis dahin moderne, neu zugeschaltete Anlagen ältere.

Grund hierfür mag zum ersten das Problem der Endlagerung sein. Radioaktive Systembestandteile, vor allem ausgebrannte Kernbrennstäbe, müssen in speziellen Behältern, sogenannten Castoren (cask for storage and transport of radioactive material, also „Behälter zur Lagerung und zum Transport radioaktiven Materials") gelagert werden. Und das für eine sehr lange Zeit.

Uran 235, der spaltbare Anteil eines Brennstabes, hat eine Halbwertszeit von 703.800.000 Jahren. Das bedeutet, dass die Strahlung nach dieser Zeit um die Hälfte abnimmt.

Eine freie Lagerung ist nicht möglich, da die radioaktive Emission nach nur wenigen Jahren zu Krebserkrankungen führt und alle organischen Stoffe wie Nahrungsmittel verseucht.[35]

Der zweite Grund, warum Deutschland die schnelle Abschaltung der Kernkraftwerke vorantreibt, ist das Risiko eines ungeplanten Strahlungsaustritts wie in den Kraftwerken in Tschernobyl (26. April 1986, technische Mängel und fehlende Sicherheitskonzepte) und Fukushima (11. März 2011, Erdbeben und Flutwelle).

---

[35] Vgl. (Busch 1999).

Roter/Pinker Wasserstoff wird dementsprechend zumindest in der deutschen Herstellungsgeschichte keine Rolle mehr einnehmen können.

3.1.1.3 Gelber Wasserstoff

Gelber Wasserstoff bezeichnet Wasserstoff aus Elektrolyseverfahren, welche den aktuellen Strom-Mix nutzen, also alle verfügbaren Quellen, ohne einzelne auszuschließen oder sich auf spezielle zu fokussieren.

Das nachfolgende Chart zeigt die Nettostromerzeugung (Strom-Mix) in Deutschland zu Woche 32, 2021. 58,8% entfallen auf erneuerbare Energiequellen.

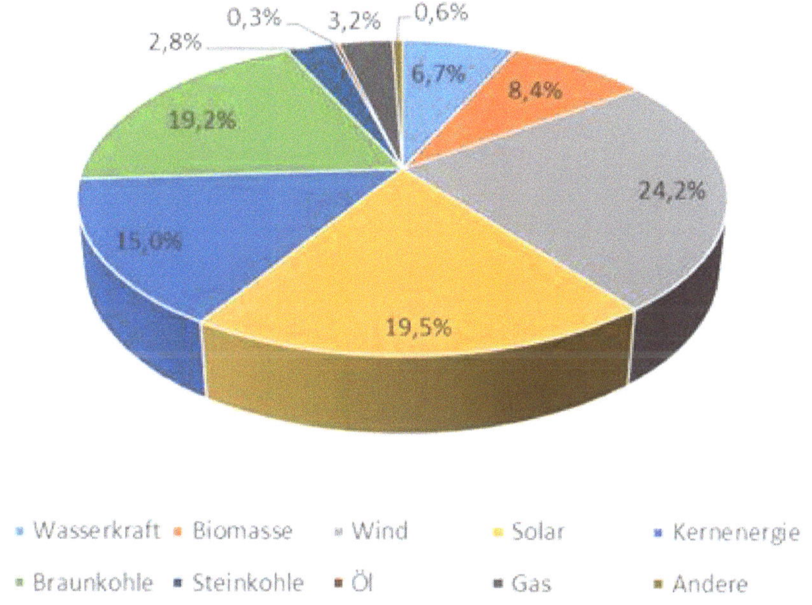

Abbildung 3-3 Öffentl. Nettostromerzeugung in DE 2021, Woche 32 (Heßhaus 2021)[36]

---

[36] Werte: (Energy-charts.info 2021).

3.2.1   Grauer Wasserstoff

Grauer Wasserstoff entsteht durch die Dampfreformierung von Erdgas. Dies ist ein chemisches Verfahren, bei dem kohlestoffhaltige Brennstoffe mit Wasserdampf und Sauerstoff unter einem Temperaturminimum von 800 °C zu einer Reaktion gebracht werden. Der Brennstoff verbrennt zu einem Teil und erzeugt die benötigte Temperatur. Durch verschiedene Katalysatoren[37] entsteht Wasserstoff.

Die Reaktion mit stark methanhaltigem Erdgas stellt sich wie folgt dar:

$$CH_4 + H_2O \rightarrow CO + 3\,H_2$$

Formel 3-2 Dampfreformierung methanhaltigen Gases

(CH_4 = Methan, H_2O = Wasser, C = Kohlenstoff, H_2 = Wasserstoff)

Der Wasserstoffanteil steigt weiter, wenn das Kohlenmonoxid (CO) weiter zu Kohlendioxid (CO_2) oxidiert[38] wird. Diese Reaktion ist unter dem Namen Wasserstoff-Shift-Reaktion bekannt.

$$CO + H_2O \rightarrow CO_2 + H_2$$

Formel 3-3 Wasserstoff-Shift-Reaktion

---

[37] Katalysator = Stoff, der die Reaktionsgeschwindigkeit einer chemischen Reaktion beeinflusst.
[38] Oxidation = Reaktion mit Sauerstoff.

Schweröle können nicht einfach durch Katalysatoren gespalten werden, da die Temperaturen nicht ausreichen. Hier wird eine als partielle Oxidation bekannte Technik eingesetzt. Das Öl wird bei Temperaturen von 1300 °C bis 1500 °C und einem Druck von 30 bis 100 Bar teilweise oxidiert, bevor das entstehende Gas mit Wasserdampf vermischt wird. Die dann folgenden Schritte sind identisch zur klassischen Dampfreformierung.[39]

3.2.2 Blauer Wasserstoff

Der CO_2-Anteil des bei der Erdgasreformierung entstehenden "Stadtgases" kann durch eine CO_2-Wäsche (Post-Combustion) abgetrennt werden. Ähnliche Verfahren stellen die Abtrennung nach Kohlevergasung (Pre-Combustion) und die Verbrennung in Sauerstoffatmosphäre (Oxyfuel-Verfahren) dar.

Der dann separierte Kohlenstoff lässt sich in tiefen Gesteinsschichten lagern. Der Platzverbrauch ist dabei ähnlich hoch wie der des ursprünglich geschürften Rohstoffes. Diese "dauerhafte" Einlagerung verringert auf dem Papier die Emissionen fossiler Kraftwerke erheblich. Mit Blick auf emissionsfreie Energiequellen stellt sich die noch nicht ausgereifte Technik jedoch als "Schönung einer nicht mehr zeitgemäßen Technologie" dar. Die Lagerung wird als CCS (Carbon Capture and Storage) bezeichnet. Wird der abgetrennte Kohlenstoffanteil jedoch nicht einfach gelagert, sondern weiteren chemischen Prozessen als Rohstoff zur Verfügung gestellt, spricht man von CCU (Carbon Capture and Utilisation)

---

[39] Vgl. (Wagner 2000); (Geitmann 2021) S.77ff.

Den aus Erdgasreformation hergestellten und durch CCS dem CO_2 entzogenen Wasserstoff nennt man blauen Wasserstoff.[40]

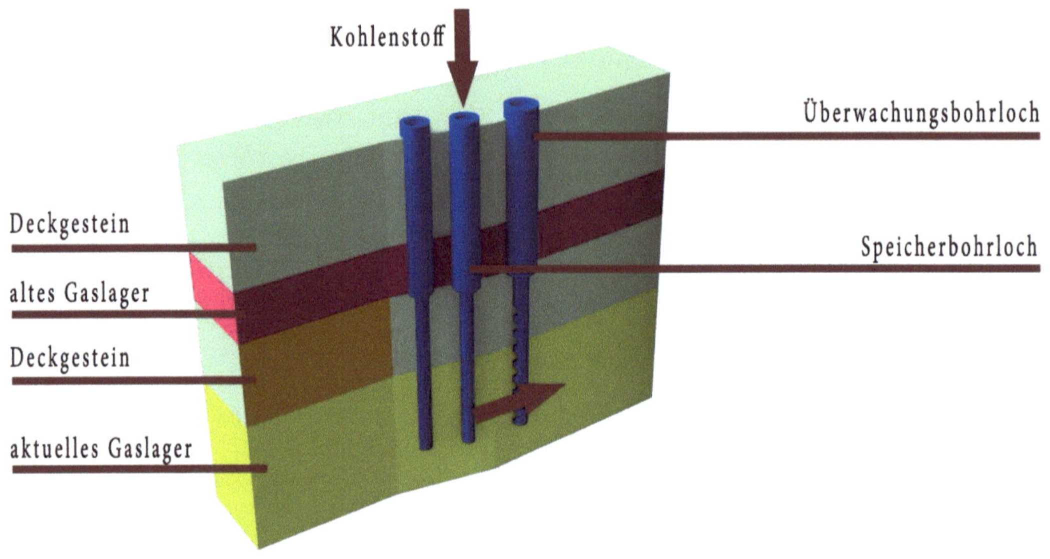

Abbildung 3-4 CCS (Heßhaus 2021)

3.2.3 Brauner/Schwarzer Wasserstoff

Auch die Wasserstoffherstellung aus Kohle nutzt die Dampfreformierung und die Wassergas-Shift-Reaktion. Da ein festes Produkt zu einem Gas umgeformt wird, ist diese Methode unter (Kohle-) Vergasung bekannt. Vergasen kann zudem feste Rückstände hinterlassen.[41]

---

[40] Vgl. (Geitmann 2021) S.106ff. (ähnliches System, Speicherung von Wasserstoff).
[41] Vgl. (Energie-Lexikon 2021); (Seeger 2013) S.6ff.

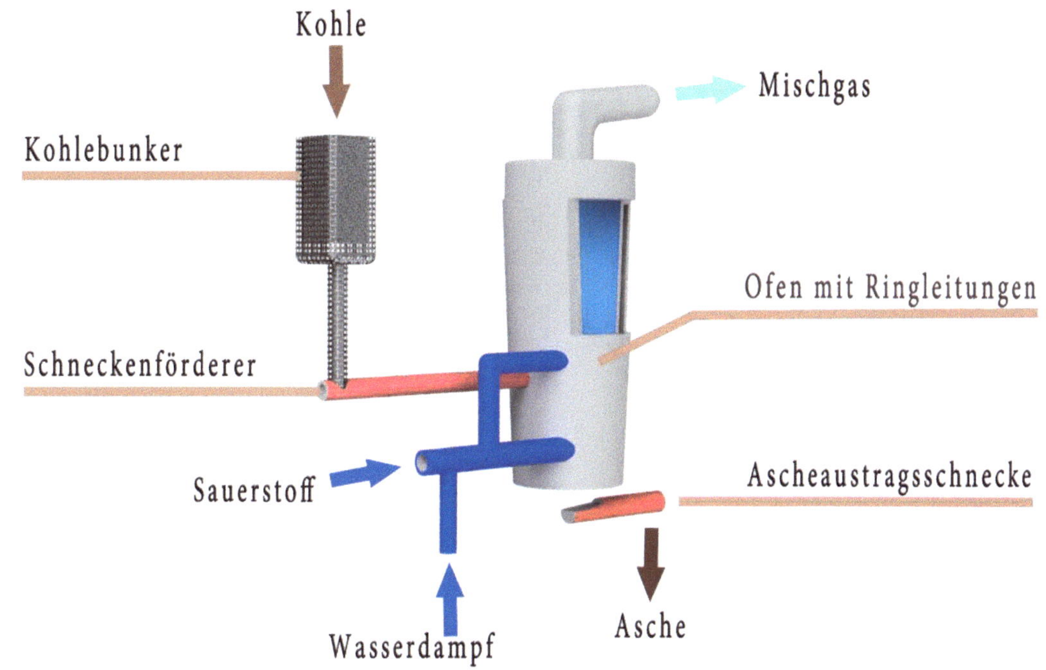

Abbildung 3-5 Winkler-Generator (Heßhaus 2021)

Praktisch wird die Vergasung in Winkler-Reaktoren (Wirbelschichtvergaser nach Winkler) durchgeführt. Hier wird Kohle zunächst zu einen gleichmäßigen Glutbett verbrannt. Anschließend wird über Ringleitungen Sauerstoff und Wasserdampf eingeblasen. Es entstehen Kohlenstoffmonoxid (CO) und Wasserstoff. Durch die Wassergas-Shift-Reaktion kann nun der Wasserstoff-Anteil erhöht und der Kohlenstoffmonoxid-Anteil gesenkt werden. Wird CO verbrannt, entsteht Kohlenstoffdioxid (CO_2). Aufgrund dessen und aufgrund des niedrigen Heizwertes des durch vor allem Braunkohlevergasung entstehenden "Stadtgases" (auch bekannt als Synthesegas, Kokereigas oder Leuchtgas) wurde dieses Verfahren weitestgehend durch die Dampfreformierung von Erdgas verdrängt.

Auch hier ist die CO_2- Speicherung CCS und CCU eine Möglichkeit der Emissionsänderung, eine neutrale Produktion ist jedoch nicht möglich.

3.2.4   Oranger Wasserstoff

Oranger Wasserstoff bezeichnet Wasserstoff aus Herstellung mit den Basisstoffen Biogas (Dampfreformierung) oder Biomasse (Vergasung mit anschließender Reformation).

3.3   Wasserstoffherstellung durch Methanpyrolyse

3.3.1   Türkiser Wasserstoff

Die Herstellung türkisen Wasserstoffs durch Methanpyrolyse (auch Methancracken) ist bislang nicht über kleinere Testanlagen hinaus verbreitet. Kernstück ist eine endotherme Reaktion, also eine solche, die eine Zufuhr von hohen Temperaturen von außen benötigt. Methangas soll so in Wasserstoff und festen Kohlenstoff geteilt werden.

Eine denkbare Methode ist das Durchführen durch flüssigen, erhitzten Zinn. Die Wasserstoffblasen würden aufsteigen und der Kohlenstoff als Schlacke abgegraben werden können.[42]

Da kein CO_2 an die Luft abgegeben und der Kohlenstoff als Feststoff weiterverwendet wird, gilt die Herstellung von türkisen Wasserstoff als emissionsfrei.

---

[42] Vgl. (Energie-Lexikon 2021).

Die Förderung des Gases und auch die aktuelle Energiegewinnung für diesen Vorgang ist jedoch nicht emissionsfrei. Somit ist die Methode, genau wie die Elektrolyse bis zu dem Zeitpunkt, an dem alle zugeführte Energie erneuerbar ist (und auch nicht dafür sorgt, dass andere Tätigkeiten, die vorher durch regenerative Energien gespeist wurden, plötzlich fossile Energieträger nutzen müssen), nicht klimaneutral.[43]

3.4 Gewinnung natürlicher Wasserstoffvorkommen durch Fracking

3.4.1 Weißer Wasserstoff

Fracking (Hydraulic Fracturing) ist eine Methode, Erdgas aus unterirdischen Gesteinsschichten einen Weg an die Oberfläche zu ermöglichen.

Dazu wird senkrecht in die Erde gebohrt, bis eine Schiefergesteinsschicht erreicht wird, die das gewünschte Gas enthält. Ab diesem Punkt wird waagerecht gebohrt. Das Bohrloch wird durch Beton verstärkt.

Ein Gemisch aus Quarzsand und Wasser wird nun mit Hochdruck in die Gesteinsschichten geleitet. So werden kontrolliert Risse erzeugt, die durch den Quarzsand offengehalten werden. Das Erdgas hat nun die Möglichkeit, aus dem Gestein heraus durch das Bohrloch zur Oberfläche zu entweichen, wo es dann aufgefangen und abgefüllt wird. Das "unkonventionelle Fracking" (in Schiefergesteinen und Kohleflözen) ist in Deutschland verboten. Gründe dafür sind die Risiken der Grundwasserverunreinigung und Probleme bei der Entsorgung des eingesetzten Wassers. "Konventionelles Fracking" (in Sandsteinschichten) unterliegt hingegen keinem Verbot.

---

[43] Vgl. (Geitmann 2021) S.80ff.

Aufgrund der weltweit geringen Vorkommen von natürlichem Wasserstoff (am häufigsten noch in Afrika vorkommend) wird dem weißen Wasserstoff ein sehr geringer Anteil am Wasserstoffmarkt zuteil.[44]

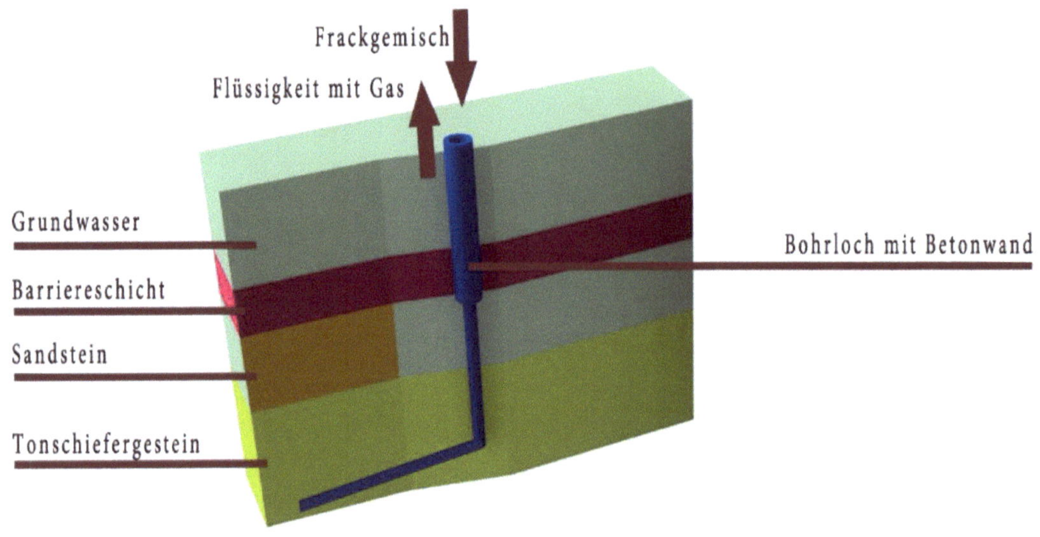

Abbildung 3-6 Fracking (Heßhaus 2021)

Alle Möglichkeiten der Wasserstoffherstellung, mit Angabe zu Emission und Herausforderungen, gibt die folgende Tabelle übersichtlich wieder. Grüne Felder verweisen auf Emissionsfreiheit (bzw. Herstellungsmöglichkeiten, die mit der richtigen Komponentenwahl emissionsfrei sein könnten), Gelb bedeutet einen Stopp des Ausstoßes, aber keine mögliche Verhinderung der Erzeugung und Rot eine CO_2-belastete Herstellungsart.

---

[44] Vgl. (Christiane Habrich-Böcker 2014).

Farbe	Herstellung	CO$_2$-Emissionen	Herausforderungen
Grün	Elektrolyse mit Strom aus ausschließlich erneuerbaren Quellen		Verfügbarkeit der erneuerbaren Energien
Rot/Pink	Elektrolyse mit Strom aus Kernspaltung	emissionsfrei möglich	Endlagerung der Kernbrennelemente
Gelb	Elektrolyse, welche sich dem aktuellen Strom-Mix bedient		fossiler Anteil, Endlagerung
Grau	Dampfreformation von Erdgas oder Erdöl	emissionsfrei möglich	Förderung
Blau	entspricht grauem Wasserstoff mit Reduzierung der CO$_2$-Emissionen durch CCS oder CCU		Platz für die Speicherung
Braun/ Schwarz	Dampfreformierung mit Braun- bzw. Schwarzkohle als hitzezuführenden Energieträger		fossile Brennstoffe
Orange	Wasserstoff aus Biomasse	emissionsfrei möglich	Verfügbarkeit der Biomasse
Türkis	Wasserstoff aus Methanpyrolyse, experimentell		experimentell
Weiß	natürliche Vorkommen, gewonnen durch Fracking		Förderung

Tabelle 3-1 Zusammenfassung der Wasserstoffarten (Heßhaus 2021)

Der hier verwendete Rohstoff ist das Erdöl. Es entsteht durch die Zersetzung von Kleinstlebewesen und Pflanzen (Fossilien) in einem sauerstoffarmen Umfeld und die Reaktion benötigt Zeiträume von über 10.000 Jahren. Da die Umwandlung kontinuierlich abläuft, zählt Erdöl rein technisch nicht zu begrenzten fossilen Rohstoffen, durch die lange Entstehungszeit wird er aber als solcher benannt.

Das unbehandelte Erdöl (Rohöl) wird in porösen Gesteinsschichten vorgefunden. Es wird durch Erdbohrungen gefördert und mittels Pipelines oder LKWs in Raffinerien transportiert. Dort wird es erhitzt. Je nach gewählter Heizquelle fallen hier bereits erste CO_2-Emissionen an.

Der Rohstoff siedet in einem Destillationsturm, von wo bei verschiedenen Temperaturen verschiedene Endprodukte entnommen werden können. Während bei Temperaturen von über 300 °C z.B. Schmieröl für die Kunststoffproduktion entnommen wird, lässt sich bereits bei 20 °C Flüssiggas (LPG) abscheiden.

Im Siedebereich zwischen 100 °C und 150 °C entsteht Autobenzin, zwischen 250 °C und 300 °C Dieselkraftstoff. Das bedeutet kurz und knapp: Wir tanken unsere Autos mit den verflüssigten Rückständen von toten Tieren und Pflanzen.

Neben den Risiken bei Förderung und Transport des Rohöls (ein einzelner Tropfen Öl kann bis zu 600 l Trinkwasser ungenießbar machen) und der je nach Heizquelle entstehenden Emissionen, stößt das kohlestoffhaltige Öl auch am Ende des Verbrauchszyklus durch das Verbrennen im Motor CO_2 aus. In Summe entstehen so 3.140 g/l für Benzin sowie 3.310 g/l für Diesel. Zusätze wie AdBlue[45] lassen den Ausstoß weiter steigen.[46]

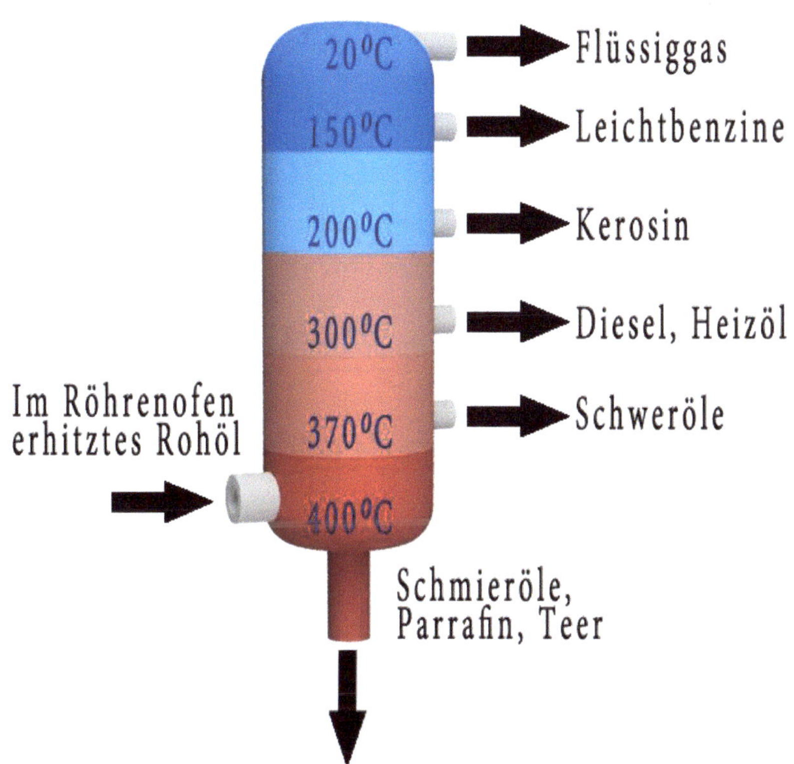

Abbildung 4-1 Ölraffination (Heßhaus 2021)

---

[45] Adblue ist eine Flüssigkeit aus synthetischem Harnstoff und Wasser, welche den Stickstoffausstoß (N) bei Dieselfahrzeugen stark reduziert.
[46] Vgl. (Innovationorigins.com 2021); (Walther L. Badger 2013) S.254ff.

5 Alternative Kraftstoffe

5.1 Biodiesel

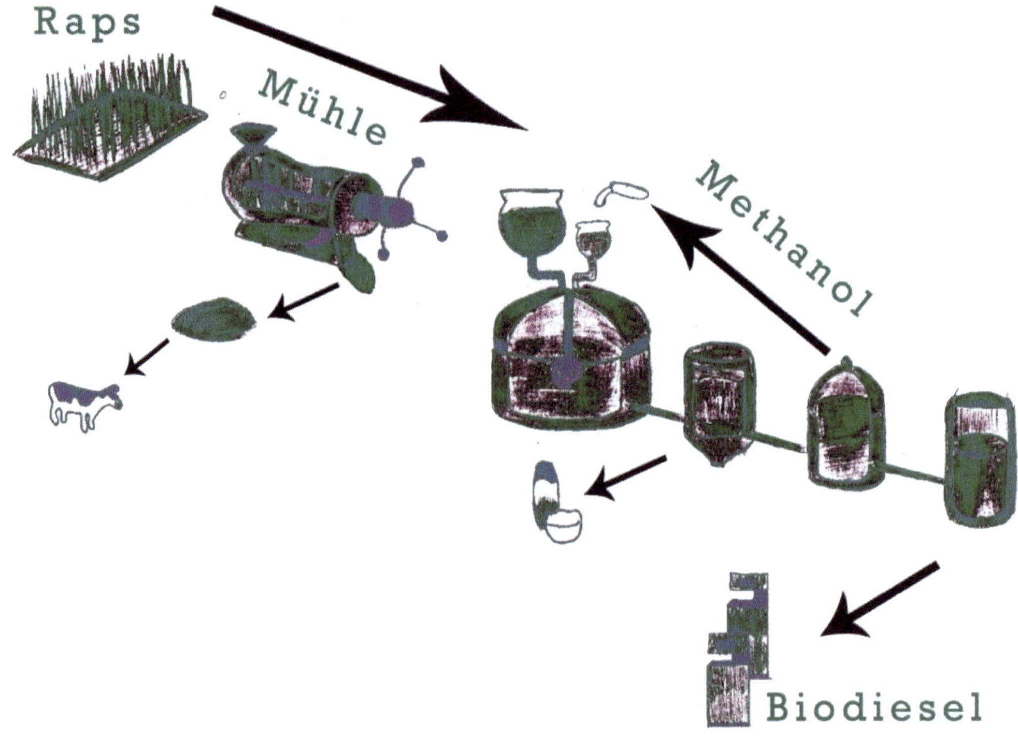

Abbildung 5-1 Herstellung von Biodiesel (N.Heßhaus 2021)

Biodiesel wird aus nachhaltigen, ölhaltigen Pflanzen gewonnen (die im Gegensatz zum Dieselrohstoff noch nicht zersetzt sein müssen).

Die dafür am häufigsten verwendete Pflanze stellt der Raps dar. Nachdem er abgeerntet und seine Samen zermahlen und gepresst wurden, wird er unter Zugabe von Methanol, eines Katalysators und Zufuhr von Temperatur mehrere Stunden gerührt.

Das hier eingesetzte Verfahren ist unter dem Namen "Umesterung" bekannt. Das Gemisch teilt sich in Rohbiodiesel, aus dem in einem weiteren Schritt das Methanol abgeschieden und wiederverwendet wird, und Glycerin[47] ($C_3H_8O_3$). Wenn das Methanol als synthetischer Stoff und z.B. grüner Wasserstoff als Hitzequelle gewählt wird, ist Biodiesel emissionsfrei.

Er wird an Tankstellen als 7%ige Mischung mit fossilem Diesel (B7) oder als reiner Biokraftstoff (B100) vertrieben.

5.2 Ethanol

Ethanol kann durch eine Reaktion aus Wasser, Ethen und Schwefelsäure aus Erdöl hergestellt werden. Hauptsächlich ist das auf dem Markt befindliche Ethanol jedoch Bioethanol, welches durch Gärung aus Biomasse gewonnen wird (der grundsätzliche Herstellungsprozess entspricht dem der Stromerzeugung in Biogasanlagen).

Ethanol kann in jeden Benzinmotor getankt werden und verbrennt sauberer als Benzin, jedoch nicht CO_2-neutral. Allerdings ist es ein aggressiver Treibstoff, der viele Motorteile schnell korrodieren lassen kann. Dementsprechend wird Ethanol als Gemisch angeboten, um diesem Verschleiß entgegenzuwirken. Der gängige Kraftstoff E85 enthält 85 % Ethanol- und 15 % Benzinkraftstoff.

---

[47] Glycerin ist in Kosmetika als Feuchtigkeitsspender enthalten und wird als Frostschutzmittel, Schmierstoff, Weichmacher und für die Herstellung von Kunststoffen, Mikrochips, Farbstoffen und Zahnpasta benutzt, vgl. (Chemie.de 1997-2021).

Die Herstellung von GtL- (Gas to Liquid) und BtL-Kraftstoffen (Biomass to Liquid, Biomasseverflüssigung) nutzt Gas als Rohstoff.

Neben Synthesegas aus Kohle sind auch Erdgas und Biogas (aus Biomasse) geeignete Energieträger. Die Umwandlung in Flüssigkeit findet in Fischer-Tropsch-Anlagen statt. Eine Aufbaureaktion[48] wandelt gereinigtes Rohgas bei 160 °C bis 200 °C zu Kohlenwasserstoffen um.

Zu den entstehenden Endprodukten zählen synthetisches Benzin, synthetischer Dieselkraftstoff und synthetisches Kerosin (FT-SPK), welches für den Flugverkehr eingesetzt wird.

Die Herstellung von Kraftstoffen nach diesem Schema erzeugt jedoch doppelt so hohe Emissionen wie bei der herkömmlichen Kraftstoffherstellung, wenn Kohle oder Erdgas als Rohstoff gewählt werden.

Der bedeutend neutralere BtL-Ansatz befindet sich noch in der Erprobungsphase, wird aber bereits als "Zukunft der Mobilität" angepriesen.[49]

---

[48] Aufbaureaktion = vereinfacht: aus anderen Stoffen wird ein neuer Stoff aufgebaut
[49] Vgl. (Dauwe 2017) S.34ff.

Je nach Ausgangsprodukt und Katalysator lesen sich die Aufbaureaktionen der Fischer-Tropsch- Synthese folgendermaßen:

$$nCO + (2n+1)\,H_2 \rightleftharpoons C_nH_{2n+2} + nH_2O$$

$$nCO + (2n)\,H_2 \rightleftharpoons C_nH_{2n} + nH_2O$$

$$nCO + (2n)\,H_2 \rightleftharpoons C_nH_{2n+1}OH + (n-1)\,H_2O$$

Reines Kohlendioxid, welches im Idealfall in Biomassekraftwerken abgeschieden und aufbereitet wird, und Wasserstoff werden zu Methanol synthetisiert.

$$CO_2 + 3\,H_2 \rightarrow CH_3OH + H_2O$$

Formel 5-4 Power to Methanol Synthese

Damit ist, wenn grüner Wasserstoff genutzt wird, ein flüssiger, CO_2-neutraler Kraftstoff entstanden, der heute bereits zu gewissen Anteilen dem fossilen Kraftstoff beigemischt wird. Auch eine reine Methanol-Betankung ist nach kleineren Modifikationen eines serienmäßigen Verbrennungsmotors möglich.

Reminder: Warum CO_2-neutral?

Biomassekraftwerke erzeugen Energie aus Materialien, die bereits CO_2 aus der Umgebungsluft gefiltert haben. Somit wird der, dem Wasserstoff beigemischte, CO_2-Anteil der Luft entzogen und zurückgegeben. Die Bilanz ändert sich somit nicht.

Grüner Wasserstoff ist auf allen Ebenen emissionsfrei.

Als Bio-LNG wird gereinigtes, verflüssigtes Biogas bezeichnet. Als Rohstoff dient Gas aus z.B. Biomassekraftwerken, welches in der Regel zu ca. 90 % aus Methan besteht. Dieses wird auf -162 °C heruntergekühlt und damit verflüssigt.

So ist es leichter als Gas zu transportieren und sein Volumen ist auf ein Sechshundertstel reduziert. Es wird eine höhere Energiedichte[50] als bei Diesel erreicht. Verbrennungsmotoren lassen sich nachrüsten.

Auch hier wird in den meisten Fällen, genau wie bei Biodiesel, Raps als Rohstoff bevorzugt. Anders als bei Biodiesel wird das gewonnene Öl jedoch nicht umgeestert, sondern nur extrem gut gefiltert. Die Energiedichte ist niedriger als bei Benzin und Diesel, die Viskosität[51] höher, womit nur weniger Dieselfahrzeuge ohne Anpassung mit PÖK betankt werden können. Meist wird eine Vorwärmung zur Steigerung der Fließfähigkeit benötigt.[52]

---

[50] Energiedichte = Das Maß für den Energiegehalt pro Raumvolumen.
[51] Viskosität: Zähigkeit von Flüssigkeiten und Gasen, je höher der Wert, desto dickflüssiger.
[52] Vgl. (Peter Eilts 2019) S.35ff; (Dreyhaupt 2013) S.268.

Kraftstoff	Herstellung	CO$_2$-Emissionen	Herausforderungen
Benzin/Diesel/ Kerosin/LPG	Destillation von Erdöl		Emission durch Herstellung und Verbrennung
Biodiesel	Umesterung von Raps und anderen nachhaltigen Pflanzen	emissionsfrei möglich	
Ethanol	Durch Gärung von Biomasse erzeugt (Alternativ: Reaktion aus Wasser, Ethen, Schwefelsäure und Erdöl)	emissionsfrei möglich	aggressiver Treibstoff/ Korrosionsgefahr
GtL- und BtL-Kraftstoffe	Fischer-Tropsch-Synthese	emissionsfrei möglich	
Power to Methanol (PtM)	Synthese aus Wasserstoff und reinem Kohlendioxid	emissionsfrei möglich	Verfügbarkeit der erneuerbaren Energien
Bio-Flüssigerdgas (Bio-LNG)	Herunterkühlen von Biogas	emissionsfrei möglich	Motoren müssen nachgerüstet werden
Pflanzenölkraft stoff (PÖK)	Gewinnung aus Raps und anderen ölhaltigen Pflanzen, keine Umesterung	emissionsfrei möglich	Motoren müssen nachgerüstet werden

Tabelle 5-1 Zusammenfassung der Kraftstoffe (Heßhaus 2021)

Ein amerikanisch-schweizerisches Forschungsteam hat sich mit der Erzeugung von Synthesegas aus Wasser und Sonnenlicht befasst, um die Sonnenenergie in einem transportierbaren Medium speichern zu können.

Ihr Solarreaktor lenkt konzentriertes Sonnenlicht in einen Hohlraum, in welchem sich Ceriumoxid (C_eO_2)[53] befindet. Ab einer Temperatur von 1.500 °C gibt dieses Element Sauerstoffatome ab.

In einem nächsten Schritt reagiert das Ceriumoxid mit Wasserdampf und CO_2 und crackt diese. Auch hier werden Sauerstoffatome frei, die die im ersten Schritt freigesetzten im Cerium ersetzen. Es entsteht also Ceriumoxid in der Ausgangsstruktur und Synthesegas aus Wasserstoff und Kohlenstoffmonoxid. Eine kommerzielle Nutzung ist zum jetzigen Zeitpunkt jedoch noch nicht absehbar.[54]

---

[53] Ceriumoxid ist eine Verbindung zwischen Sauerstoff und der seltenen Erde Cer.
[54] Vgl. (Vayssieres 2010) S.627ff.

Die Infrastruktur wird lt. Oxford Languages als „notwendiger wirtschaftlicher und organisatorischer Unterbau als Voraussetzung für die Versorgung und die Nutzung eines bestimmten Gebiets, für die gesamte Wirtschaft eines Landes"[55] bezeichnet.

Die benötigte Infrastruktur für die Versorgung mit Kraftstoffen umfasst also alle Einrichtungen wie Leitungen, Pumpen und Abnahmestationen, die den Transport vom Herstellungsort zum Verbraucher ermöglichen. Je nach Energieart benötigen diese Einrichtungen verschiedene Spezifikationen und sind in verschiedener Flächendeckung verfügbar.

6.1   Infrastruktur Flüssige Kraftstoffe

Der Endverbraucher kann in Deutschland aktuell aus insgesamt 14.459 Tankstellen wählen, um sein Fahrzeug mit den gängigen Benzin- oder Dieselgemischen zu betanken. Jede dieser Tankstellen verfügt über (unterirdische) Tanks mit einem Fassungsvolumen von bis zu 90.000 l. Diese werden wiederrum von LKWs befüllt.

---

[55] (Oxford Languages 2021).

Die Kraftstoffe werden an verschiedenen Standorten in ganz Deutschland raffiniert. Die Zulieferung des dafür benötigten Erdöls erfolgt über drei Import-Pipelines:

- Transalpine Ölleitung (TAL) Triest (Italien)
- Pern (Drushba) von Adamowo / Danzig (Polen)
- RRP aus Rotterdam (Niederlande)

Über die Pipeline MERO wird Rohöl nach Nelahozeves (Tschechien) exportiert.

Das Rohöl kommt nicht aus Amsterdam, Polen und Italien, sondern aus Ländern, die mit deren Häfen verbunden sind. Die drei größten Förderer sind:

- USA
- Saudi-Arabien
- Russland

Die deutsche Erdölförderung beträgt nur 2,4 Millionen Tonnen, was bei einem Verbrauch von ca. 95,5 Mio. T/a, 2,5 % entspricht. 40 % des importieren Rohstoffs kommt aus Russland.[56]

---

[56] (Alle Werte aus 2016); Vgl. (Statista.de, Anzahl der Tankstellen in Deutschland nach Tankstellentyp von 1999 bis 2020 2021).

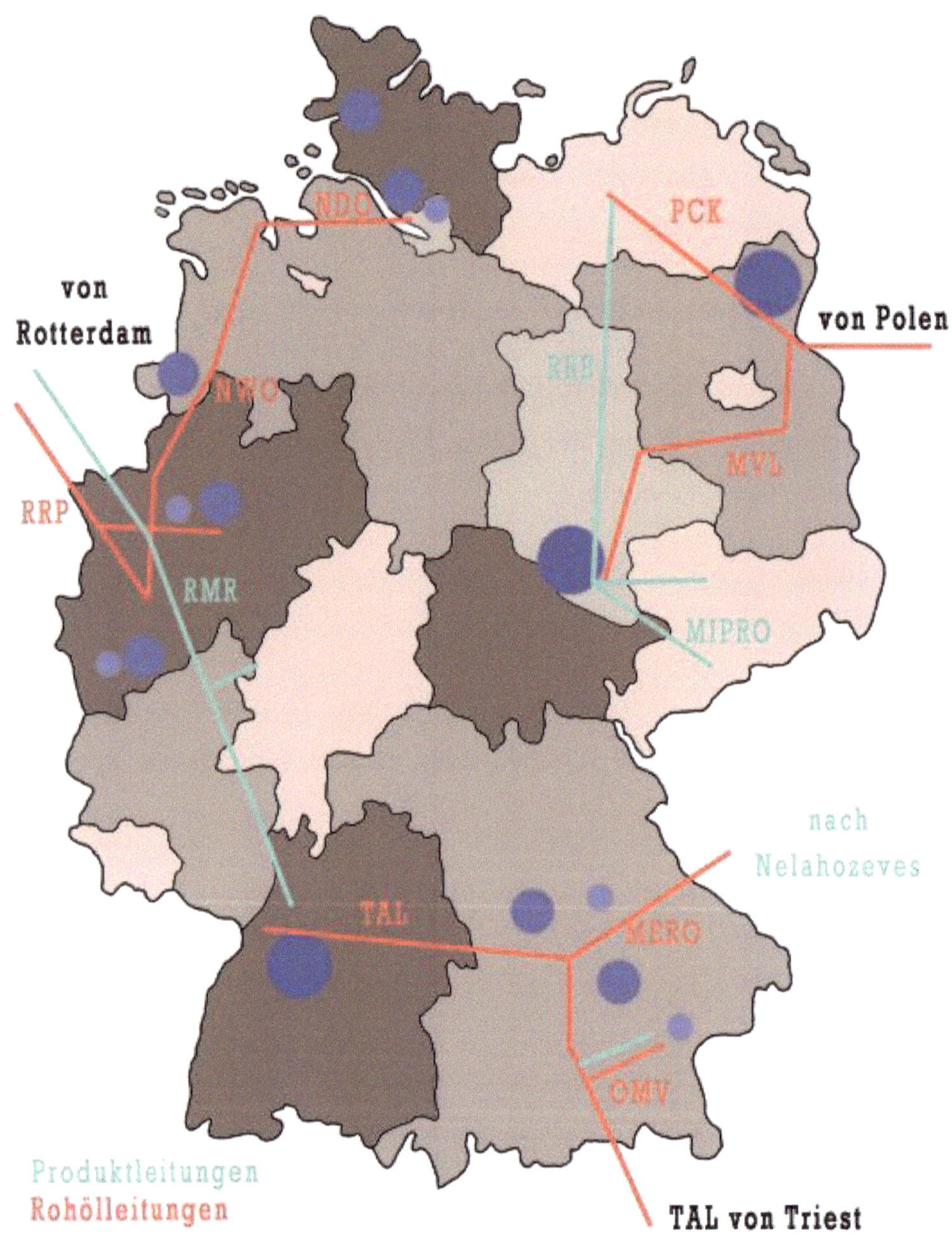

Abbildung 6-1 Rohölversorgung Deutschland (Heßhaus 2021)[57]

Einen bedeutenden Zusammenschluss ölexportierender Länder stellt die OPEC (Organization of the Petroleum Exporting Countries = Organisation der erdölexportierenden Länder) dar.[58]

Die Mitgliedstaaten lauten:

- Algerien
- Angola
- Ecuador
- Irak
- Iran
- Katar
- Kuwait
- Libyen
- Nigeria
- Saudi-Arabien
- Venezuela
- Vereinigten Arabischen Emirate

---

[58] Vgl. (Mükusch 2011) S.59ff.

Diese 12 Mitgliedsstaaten exportieren zusammen 19,7 Mio. bpd und halten eine Reserve von 1,21 Billionen Barrel. Die exportstärksten Staaten fördern allerdings nicht das meiste Erdöl. Dieses Ranking stellt sich wie folgt dar:

- USA: 19,51 Mio. bpd[59]
- Saudi-Arabien: 11,81 Mio. bpd
- Russland: 11,49 Mio. bpd
- Kanada: 5,50 Mio. bpd
- China: 4,89 Mio. bpd
- Irak: 4,74 Mio. bpd
- Vereinigte Arabische Emirate (VAE): 4,01 Mio. bpd
- Brasilien: 3,67 Mio. bpd
- Iran: 3,19 Mio. bpd
- Kuwait: 2,94 Mio. bpd

---

[59] bpd = barrels of oil per day

Neben den Wartungskosten ist der Stromverbrauch des Pipelinenetzes ein gern genutztes Argument für versteckte Kosten des Systems. Doch sind sie in diesem Fall wirklich von Bedeutung?

Am Beispiel des SEPL (Südeuropäische Pipeline) wird dieser berechnet und eingeordnet.

- Die SEPL transportiert ca. 23 Mio. Tonnen/Jahr (Das entspricht ca. 1/3 der Rohöltransportleistung)
- Sie empfängt von den Öl-Häfen des Mittelmeers, des Ärmelkanals und der Nordsee und beliefert alle Binnenraffinerien[60] des westeuropäischen Raumes (schließt an TAL von Triest an).
- Der Energiebedarf der Pumpen für die komplette Linie beträgt grob 100 GW/h/a.

Rein rechnerisch ergibt sich für das gesamte Transportvolumen ein Verbrauch von ca. 300 GW/h/a (0,3 TW/h).[61]

Zum Vergleich: Das entspricht 0,053 % der deutschen Stromerzeugung im Jahr (566 TW/h) und ist damit in den meisten Rechnungen vernachlässigbar.

---

[60] Binnenmarkt: freier, einheitlicher Markt der Europäischen Union.
[61] Diese grobe Berechnung bezieht nicht mit ein, dass an anderen Pipelines unterschiedliche Pumpentypen mit verschiedenen Wirkungsgraden eingesetzt werden.

Neben den knapp 14.500 "regulären" Tankstellen verfügt das Bundesgebiet über 6.971 Autogastankstellen (LPG) sowie 849 Erdgastankstellen (CNG bzw. LNG). Sie sind oft gekoppelt, aber auch einzeln anzutreffen.

LNG wird nicht durch Pipelines transportiert, sondern heruntergekühlt in flüssiger Form durch Schiffe, Bahnkesselwagen und Straßentankwagen (LKWs) vom Förderort zur Tankstelle gebracht.

CNG hingegen wird in Gas-Form durch Pipelines transportiert und kann, von jeder angeschlossenen Tankstelle aus, dem örtlichen Gasnetz bezogen werden. Hierdurch entfallen die Faktoren Ausstoß und Logistikkosten, jedoch besteht eine Bindung an das örtliche Gasunternehmen.

Deutschland verbraucht im Jahr ca. 982 TW/h Erdgas, das entspricht in etwa 75 Milliarden Kubikmeter Gas. 88 % dieses Verbrauchs werden durch Importe aus Russland (40 %), Norwegen und den Niederlanden gedeckt.[62] Der direkte Weg aus Russland zur EU ist die bekannte Pipeline Nordstream 1, welche zur Vergrößerung des Volumens eine parallele Pipeline, die Nordstream 2, bekam. Die Betreiber, die Nord Stream AG, profitierte beim Bau von engen Verbindungen zur deutschen Politik. So ist der ehemalige Bundeskanzler Gerhard Schröder (SPD) Vorsitzender des Gesellschafterausschusses der AG[63].

---

[62] Vgl. (Geitmann 2021) S.112ff.; (Mükusch 2011) S.71ff.
[63] AG = Aktiengesellschaft: ein Teil des Unternehmens wird gestückelt in Aktien an verschiedene Personen verkauft, um mehr Kapital zu erhalten.

Ein Akkumulator (Akku, die "Batterie" eines Elektrofahrzeugs) wird immer mit Gleichspannung geladen. Gegenüber der Wechselspannung bleibt diese konstant und wechselt nicht stetig die Richtung. Jedoch ist ein Transport ohne Verluste über lange Strecken nicht möglich. Wechselstrom (auch Drehstrom genannt) hingegen kann leicht auf sehr hohe Spannungen transformiert werden, sodass der im Kraftwerk erzeugte Strom über lange Leitungssysteme transportiert werden kann und am Endpunkt immer noch die benötigte Spannung liefert. Der Strom aus unserer Steckdose ist also Wechselstrom. Große Transformatorwerke sind leicht an den riesigen Spulen (und, wenn man genau hinhört, an einem konstanten Summen) zu erkennen. Kleinere befinden sich in verschlossenen Kästen, die im öffentlichen Raum, z.B. vor Mehrfamilienhäusern, stehen. Da Wechselstrom durch Stromwandler in Gleichstrom gewandelt werden kann (AC/DC)[64], ist also jeder Hausstromanschluss eine potentielle Ladestation für Akkumulatoren und dementsprechend akkuelektrische Fahrzeuge. Neben der Prüfung der vorhandenen Kabel (Alter, Dicke, Anschlüsse, da eine Hauselektrik auf den Hausverbrauch und nicht unbedingt auf das Laden eines Fahrzeug-Akkus ausgelegt ist) ist also nur noch ein Anschluss vonnöten, der entweder Fahrzeuge mit integriertem Stromwandler mit Wechselstrom versorgt oder einer, der den Wechselstrom bereits gewandelt hat und so den Akku direkt lädt. Der Elektrifizierungsgrad Deutschlands beträgt 100 % – das bedeutet, jeder Haushalt verfügt über einen Zugang zu Elektrizität. Der Infrastruktur im elektrischen Bereich fehlen also nur die "Endstücke" der Versorgungslinie.[65]

---

[64] AC: Alternating Current (Wechselstrom) zu DC: Direct Current (Gleichspannung).
[65] Vgl. (DKE 2020); (Johannes Kraft 2011).

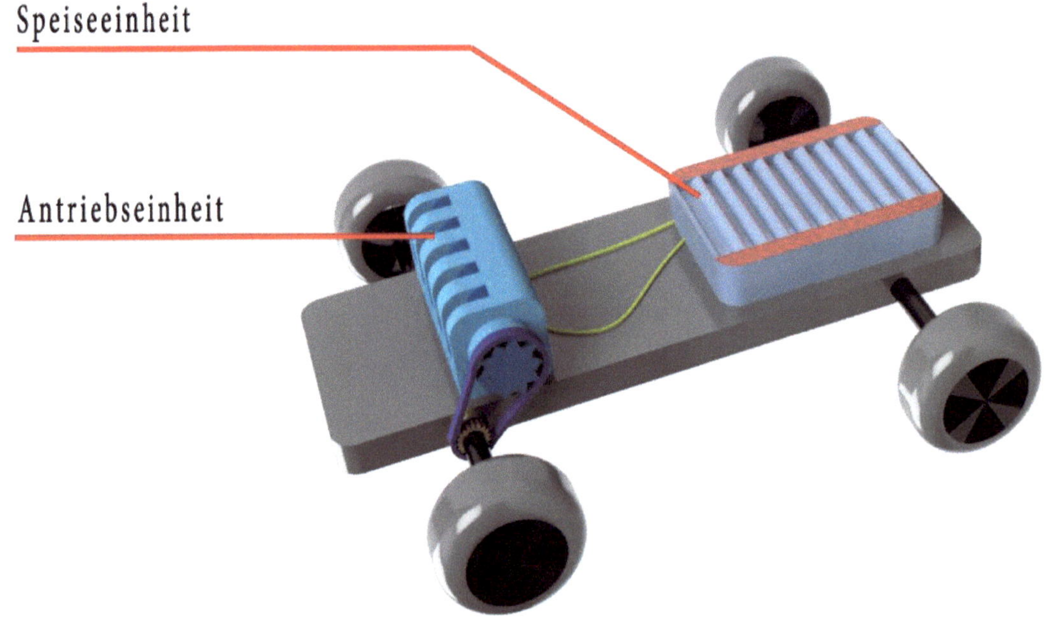

Abbildung 7-1 Aufbau KFZ (vereinfacht) (Heßhaus 2021)

Jedes Kfz (Kraftfahrzeug), sei es der Pkw (Personenkraftwagen), Lkw (Lastkraftwagen) oder der Bus[66], verfügt über eine Antriebseinheit und eine Speiseeinheit. Lage, Größe und Relation sind dabei vollkommen unterschiedlich. So kann die Antriebseinheit direkt ins Rad (Radnabenmotor), als auch ins Heck eingesetzt werden (Heckmotor, z.B. Porsche 911).

---

[66] Bus = Abkürzung für Omnibus, aus dem lateinischen "für alle"

Die Anordnung mittig im Fahrzeug nennt man wenig überraschend Mittelmotor (z.B. Audi R8). Der Frontmotorantrieb stellt die verbreitetste Anordnung dar.

Dabei ist anzumerken, dass Antriebseinheit und angetriebene Achse nicht unbedingt identisch gelagert sein müssen. Vielmehr hat die Ausrichtung (längs oder quer) und die Anordnung einen großen Einfluss auf die Gewichtsverteilung.

Wenn gewünscht, kann also ein Heckmotor auch die Frontachse antreiben (werden alle Achsen angetrieben, spricht man von Allradantrieb).

Die Speiseeinheit wird unter gleichen Aspekten verbaut. Gewichtsverteilung und vor allem Schutz der Komponenten stehen hier im Vordergrund (ein außen angebrachter Benzintank mag das Gewicht positiv tarieren[67] können, ist im Falle eines Unfalls jedoch viel stärker betroffen als ein im Fahrzeug integrierter).

Die Aufgabe der Speiseeinheit besteht in der Versorgung der Antriebseinheit.

Sie ist also unerlässlich für die Funktion des kompletten Systems und fällt aufgrund unterschiedlicher Antriebseinheiten ebenso unterschiedlich aus. Sie wird entsprechend einzeln betrachtet.

---

[67] Tarieren = etwas durch Gegengewicht ausgleichen.

7.1.1   Verbrenner fremdgezündet (Benziner)

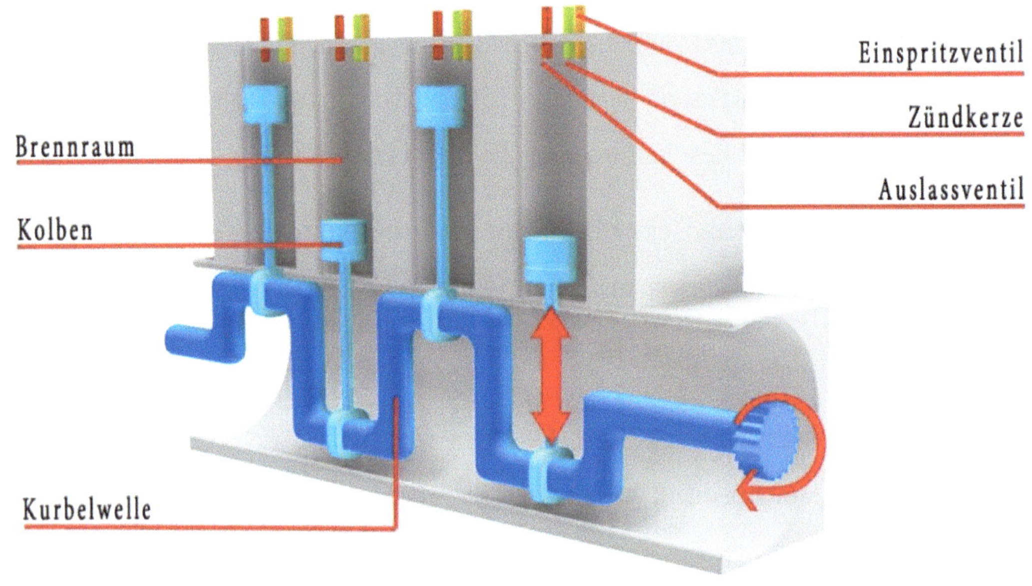

Abbildung 7-2 Prinzip Ottomotor (vereinfacht) (Heßhaus 2021)

Der grundsätzliche Aufbau eines fremdgezündeten Verbrennungsmotors (Ottomotor, benannt nach seinem Schöpfer Nicolaus August Otto) bleibt trotz verschiedener Motorbauformen immer gleich: eine Kraft wird in eine rotatorische Bewegung gewandelt.

Dies geschieht mithilfe einer geregelten Explosion. Am Beispiel eines regulären Viertaktmotors stellt sich der Ablauf wie folgt dar:

1. Arbeitstakt: Wenn sich der Kolben recht weit unten in einem Brennraum befindet, wird dort über das Einspritzventil ein Benzin-Luft-Gemisch eingeführt.

2. Arbeitstakt: Der Kolben fährt in einer linearen[68] Bewegung nach oben und verdichtet das Gemisch im geschlossenen Brennraum.

3. Arbeitstakt: Das komprimierte Gemisch wird durch eine Zündkerze (ein Bauteil, welches durch elektrische Spannung einen Funken zwischen zwei nah aneinander liegenden Polen erzeugt) entzündet. Die entstehende Explosion drückt den Kolben wieder nach unten.

4. Arbeitstakt: Im letzten Takt wird das entzündete Gemisch über das Auslassventil ausgestoßen und in Richtung Abgasanlage geleitet.[69]

Durch eine bestimmte Zündreihenfolge (in der Abbildung müssten Brennraum eins und drei sowie zwei und vier gleichzeitig gezündet werden) wird die Kurbelwelle in eine Drehbewegung versetzt, die dann wiederrum das Fahrzeug antreibt. Der Ottomotor erreicht einen Wirkungsgrad von ca. 20 %.

Dieses Prinzip ist bei einem Benzinmotor immer gleich. Die Anordnung der Zylinder (umgangssprachliche Bezeichnung für die Brennräume) und die Anzahl der Ventile variieren jedoch stark.

Die Abbildung zeigt einen Reihen-Vierzylinder (da vier Zylinder in einer Reihe vorliegen) mit insgesamt acht Ventilen (zwei pro Zylinder). Zusammen mit dem

---

[68] Linear = geradlinig.
[69] Vgl. (Schoblick 2013) Kap.2.1.1.

Hubraum (der Raum, in dem der Hub, also die lineare Bewegung des Kolbens stattfinden kann, angegeben in Liter) kann man Motoren so eindeutig bezeichnen.

Das erste Auto des Autors dient hier als Beispiel: Ein Opel Kadett Baujahr 1989 mit einem 1,6l 8V Reihenvierzylinder verfügt also über 1,6 Liter Hubraum in Summe aller Brennräume, zwei Ventile pro Hubraum bei vier in Reihe angeordneten Zylindern = 8 Ventile.

Weitere Motorbauformen:

V-Motor: Die Brennräume sind meist in einem Winkel von 90 ° zueinander eingeordnet und ergeben so von vorne betrachtet ein W. So können viele Zylinder eine einzige Kurbelwelle antreiben, ohne dass der Motorblock unverhältnismäßig lang sein muss.

Boxermotor: Die beiden Zylinderbänke liegen sich gegenüber, die Kurbelwelle in der Mitte. So entsteht eine hohe Laufruhe. Die nach außen boxenden Zylinder sind der Grund für den ikonischen Namen.

W-Motor: Kombiniert eine senkrecht stehende Zylinderbank wie bei einem Reihenmotor mit zwei V-Motor Bänken. So ergibt sich bei Frontalansicht ein W.

Der absolute Exot ist der Wankelmotor: Ein Kreiskolben bildet durch eine bereits rotatorische Bewegung Brennräume, in denen die vier Takte stattfinden und so die Bewegung weiter antreiben. Dieser Aufbau ist so weit entfernt von einem regulären

Benzinmotor, dass nicht spezialisierte Wankel-KFZ-Werkstätten keine Service-Leistungen anbieten können.[70]

Treibstoffoptionen					
Wasserstoff	🟨	Kerosin	🟥	GtL- und BtL-Kraftstoffe	🟩
Strom	🟥	LPG	🟨	Methanol	🟨
Benzin	🟩	Biodiesel	🟥	Bio-LNG	🟨
Diesel	🟥	Ethanol	🟨	PÖK	🟥

ohne Anpassungen nutzbar	🟩	mit Anpassungen nutzbar	🟨	nicht nutzbar*	🟥

*ohne Umwandlung des Energieträgers oder wirtschaftlich nicht tragbaren Umbau

Tabelle 7-1 Treibstoffoptionen Ottomotor (Heßhaus 2021)

Der Dieselmotor (benannt nach seinem Schöpfer Rudolf Christian Karl Diesel) unterscheidet sich recht wenig von einem Ottomotor. Auch er nutzt explosive Kraft, um eine lineare Kolbenbewegung auf eine Kurbelwelle zu übertragen. Die Erzeugung dieser Explosion verläuft jedoch grundlegend anders. Denn der Dieselmotor kommt ohne Zündquelle aus. Die vier Arbeitstakte lauten:

1. Arbeitstakt: Der Kolben saugt durch eine Abwärtsbewegung reine Luft in den Brennraum.

2. Arbeitstakt: Nachdem der Brennraum geschlossen wurde, bewegt sich der Kolben wieder nach oben und komprimiert die angesaugte Luft. Diese Kompression erzeugt einen sehr hohen Druck von bis zu 50 bar (ein Ottomotor baut maximal 18 bar auf) und erwärmt die Luft dadurch auf mehrere hundert Grad.

3. Arbeitstakt: Erst jetzt wird der Kraftstoff eingespritzt. Er entzündet sich sofort in der heißen Luft und erzeugt die Explosion, die den Kolben wieder nach unten zwingt.

4. Arbeitstakt: Die Abgase werden bei geöffnetem Auslassventil durch den wieder nach oben fahrenden Kolben Richtung Abgasanlage gedrückt. In der folgenden Abwärtsbewegung wird wieder der erste Schritt begonnen.[71]

Möglich wird dies durch die niedrigere Zündtemperatur des Dieselkraftstoffs. Sie beträgt ca. 230 °C. Allerdings muss der Kraftstoff vorgewärmt werden, damit sich die entzündbaren Gase entwickeln können. Dies geschieht durch Glühkerzen. Benzin

---

[71] Vgl. (Diesel 2008 2021).

hingegen zündet bei Temperaturen um bis zu 500 °C. Darum wird eine externe Zündquelle benötigt. Durch die Selbstzündung verbrennt der Dieselmotor um bis zu 20 % effizienter als sein benzingetriebenes Pendant[72]. Darum entwickelt er mehr Kraft (Drehmoment) und hat einen verringerten CO_2-Ausstoß. Jedoch wird durch die sehr hohen Verbrennungstemperaturen Stickoxid (oxidierter[73] Stickstoff) emittiert[74]. Auch Feinstaub (kleinste Partikel aller Arten) wird ausgestoßen. Somit kann ein Dieselmotor mit starrem Blick auf die Klimakrise als "Fortschritt im Vergleich zum Ottomotor" bezeichnet werden, jedoch erzeugt er weitere, schwerwiegende Probleme.

Treibstoffoptionen					
Wasserstoff	(gelb)	Kerosin	(gelb)	Gtl und BtL Kraftstoffe	(grün)
Strom	(rot)	LPG	(rot)	Methanol	(rot)
Benzin	(rot)	Biodiesel	(grün)	Bio-LNG	(rot)
Diesel	(grün)	Ethanol	(rot)	PÖK	(gelb)

Ohne Anpassungen nutzbar	(grün)	Mit Anpassungen nutzbar	(gelb)	Nicht nutzbar*	(rot)

*ohne Umwandlung des Energieträgers oder wirtschaftlich nicht tragbaren Umbau

Tabelle 7-2 Treibstoffoptionen Dieselmotor (Heßhaus 2021)

---

[72] Pendant = Gegenstück.

[73] Die Oxidation ist auch als Rosten bekannt.

[74] Die Stickoxid-Anteile können durch die Zugabe von Harnstoffgemischen (AdBlue) stark reduziert werden.

7.1.3   Elektromotoren

7.1.3.1   Synchron- und Asynchronmaschinen (SM und ASM)

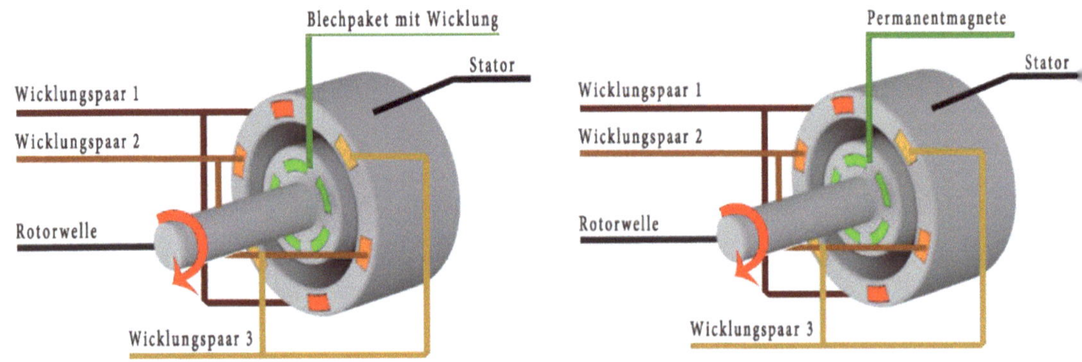

Abbildung 7-3 Unterschied ASM und SM (Heßhaus 2021)

Synchron- und Asynchronmaschinen können einen Wechselstrom erzeugen, indem die Rotorwelle gedreht und Strom und Spannung an den äußeren Spulen abgenommen wird (= Generator). Wird an die äußeren Spulen ein Strom angelegt, wird so die Rotorwelle (Rotor) in Bewegung gebracht.

SM- und ASM-Motoren unterscheiden sich nur im Aufbau des Rotors, der Stator ist völlig identisch und wurde bereits im Kapitel *"Energieerzeugung – Grundsätzliches zu Generatoren"* beschrieben. Elektromotoren erreichen einen Wirkungsgrad von ca. 85 %.

- Rotoraufbau einer Asynchronmaschine (auch Kurzschlussläufer, Käfigläufer genannt)

Der Rotor wird mit einem Blechpaket und kurzgeschlossenen Drahtwicklungen bestückt. Er ist also eine Spule. Wird nun durch die äußeren Spulen ein Magnetfeld induziert, reagiert diese Spule mit einem eigenen Magnetfeld. Sie baut ein Gegenfeld auf. Durch die Anordnung des Stators und seiner Komponenten wird so eine rotatorische Bewegung erzeugt. Da sich das entstehende Magnetfeld erst aufbauen muss, kann eine Asynchronmaschine den Rotor nie synchron zum Stator-Drehfeld bewegen – deshalb der Name. Der Aufbau ohne die Nutzung seltener Erden und damit einhergehend ein geringerer Preis macht diese Motorvariante attraktiv.

- Rotoraufbau einer Synchronmaschine

Mit Permanentmagneten bestückt, ist das Magnetfeld des Rotors einer Synchronmaschine immer vorhanden. Es muss sich nicht erst aufbauen. So dreht sich der Rotor synchron zum Stator, sobald ein äußeres Drehfeld induziert wird. So kann eine stabilere, an die Betriebsspannung gekoppelte Drehzahl erreicht werden. Sie werden dementsprechend bevorzugt bei Anwendungen eingesetzt, die sehr genau ablaufen müssen.[75]

---

[75] Vgl. (Weidauer 2013).

Geschaltete Reluktanzmotoren (SRM) bzw. Synchronreluktanzmotoren (SynRM) sind ähnlich aufgebaut wie Synchronmaschinen. Jedoch können sie kostengünstiger und ressourcenschonender ohne Permanentmagnete und damit ohne seltene Erden gefertigt werden. Der Rotor besteht aus Blechpaketen, in denen spezielle Formen eingestanzt sind, die das Magnetfeld der äußeren Spulen unterbrechen. So rotiert er, ohne ein eigenes Kraftfeld aufbauen zu müssen. SynRM und SRM sind aufgrund dieses Aufbaus jedoch nicht als Generatoren verwendbar. Nachteile wie höhere Kosten gegenüber eines SM, da eine Schaltelektronik vonnöten ist sowie erhöhte Lautstärke, sind momentan die größten Herausforderungen. Der Reluktanzmotor erzeugt weniger Drehmoment, der Wirkungsgrad ist insgesamt jedoch höher. Die antreibende Kraft hinter diesem Prinzip ist die Reluktanzkraft (auch Maxwell-Kraft, Kraft des magnetischen Widerstands) – im Vergleich zur Lorentzkraft, die herkömmliche Elektromotoren antreibt. Kurz gesagt: Diese Motor-Art verbindet die Vorteile von SM- und ASM-Maschinen.

Treibstoffoptionen					
Wasserstoff		Kerosin		GtL- und BtL-Kraftstoffe	
Strom		LPG		Methanol	
Benzin		Biodiesel		Bio-LNG	
Diesel		Ethanol		PÖK	

ohne Anpassungen nutzbar		mit Anpassungen nutzbar		nicht nutzbar*	

*ohne Umwandlung des Energieträgers oder wirtschaftlich nicht tragbaren Umbau

Tabelle 7-3 Treibstoffoptionen Elektromotor (Heßhaus 2021)

7.2.1 Galvanische Zellen

Galvanische Zellen (auch galvanisches Element, galvanische Kette oder Daniellsches Element) wandeln spontan, ohne äußere Einflussnahme, chemische in elektrische Energie um. Alle Zellen sind eine Kombination aus zwei verschiedenen Elektroden und einem Elektrolyten.

Es wird das Prinzip des osmotischen Drucks genutzt:

Moleküle versuchen, sich immer gleichmäßig zu verteilen. Wird in einem miteinander verbundenen Körper das Molekülgleichgewicht geändert, wird es immer das Bestreben nach Ausgleich geben. Werden also zwei Reservoirs mit unterschiedlicher Molekülanzahl verbunden, werden Teilchen von der "reicheren" Seite auf die "ärmere" Seite wandeln. Diesen Fluss kann man abfangen, um Strom zu gewinnen.[76]

7.2.1.1 Brennstoffzellen

Eine Brennstoffzelle ist vereinfacht ausgedrückt das Gegenteil eines Elektrolyseurs, der mittels Elektrolyse unter Einfluss von Strom chemische Verbindungen aufspaltet und so z.B. aus Wasser Wasserstoff und Sauerstoff macht.

Wenn diese Reaktion andersherum betrieben wird, also aus Wasserstoff und Sauerstoff Wasser gemacht wird, entsteht wiederum Strom. Konsequenterweise muss man in diesem Fall den Wasserstoff als Stromtransporteur betrachten.

---

[76] Vgl. (Dohmann 2019); (Germar Müller 2005) S.638ff.

Je nach Art der Zelle kann Wasserstoff auch durch andere Brenngase ersetzt werden. Gleichbleibt, dass diese unter Einfluss eines Katalysators oxidieren, zu einem anderen Produkt gewandelt werden und das Strom entsteht.

7.2.1.1.1 Der Gesamtwirkungsgrad

Der folgend angegebene Wirkungsgrad ist nur auf die beschriebene Brennstoffzelle bezogen. Möchte man den Gesamtwirkungsgrad ermitteln, muss derer der Brenngaserzeugung multipliziert werden.

Beispiel: Die AFC hat einen Wirkungsgrad von 70 %. Da die Umwandlung jedoch zweimal stattfindet (einmal für die Wasserstofferzeugung aus Strom, dann wieder für die Stromerzeugung aus Wasserstoff) muss der Wert mit sich selbst multipliziert werden.

70 %*70 % = 0,7*0,7 = 0,49

Die AFC hat also einen Gesamtwirkungsgrad (von Wasserstofferzeugung bis zum Wasserstoffverbrauch) von 49 %. Die Hälfte der zugeführten Energie geht während der Umwandlungsprozesse verloren.

Wird ein Elektromotor mit einem Wirkungsgrad von 85 % gespeist, liegt der Gesamtwirkungsgrad demnach bei

0,7*0,7*0,85 = 0,4165 ➔ 41,65 %.

Wird ein Ottomotor mit Wasserstoff ohne Brennstoffzelle betankt, ist der Gesamtwirkungsgrad rein rechnerisch

0,7*0,2 = 0,14 ➔ 14 %.

AFC (Alkaline Fuel Cell, alkanische Brennstoffzelle)	
Brenngas	Wasserstoff
Oxidationsmittel	Sauerstoff
Katalysator	Nickel, Silber
Elektrolyt	wässrige Lauge
Reaktionsgleichung	$2H_2 + O_2 \rightarrow 2H_2O$
(Wasserstoff und Sauerstoff reagieren zu Wasser und erzeugen dabei Strom)	
Arbeitstemperatur [C]	60–120
Wirkungsgrad [%]	60–70
Zellspannung [V]	0,91
Vorteile	robust, dynamisches Verhalten
Nachteile	Gase müssen gesäubert sein, geringere Lebensdauer durch den aggressiven Elektrolyten
Einsatzgebiet	Unterwasseranwendungen, Raumfahrt, Fahrzeuge

Tabelle 7-4 AFC Spezifikationen (Heßhaus 2021)

Formel 7-1 AFC Reaktion

PEMFC (Proton Exchange Membrane Fuel Cell, Polymerelektrolytmembran-BZ)	
Brenngas	Wasserstoff
Oxidationsmittel	Sauerstoff
Katalysator	Platin/Kohlenstoff/Kobalt
Elektrolyt	Polymermembran (Nafion)
Reaktionsgleichung	$2H_2 + O_2 \rightarrow 2H_2O$
(Wasserstoff und Sauerstoff reagieren zu Wasser und erzeugen dabei Strom)	
Arbeitstemperatur [C]	60–120
Wirkungsgrad [%]	34–68
Zellspannung [V]	1,184
Vorteile	keine Flüssigkeiten, CO_2-beständig
Nachteile	aufwändiges Wassermanagement nötig
Einsatzgebiet	Akkuladegeräte, Raumfahrt, Fahrzeuge

Tabelle 7-5 PEMFC Spezifikationen (Heßhaus 2021)

Formel 7-2 PEMFC Reaktion

DMFC (Direct Methanol Fuel Cell, Direkt-Methanol-Brennstoffzelle)	
Brenngas	Methanol
Oxidationsmittel	Sauerstoff
Katalysator	Wasser (Anode) / Luft (Kathode)
Elektrolyt	Polymembran (PEM)
Reaktionsgleichung	$2CH_3OH + 3O_2 \rightarrow 4H_2O + 2CO_2$
(Methanol und Sauerstoff reagieren zu Wasser und Kohlenstoffdioxid)	
Arbeitstemperatur [C]	80–130
Wirkungsgrad [%]	20–30
Zellspannung [V]	0,5
Vorteile	wartungsarm
Nachteile	aufwändiges Wassermanagement erforderlich
Einsatzgebiet	mobile Stromversorgung kleiner Elektrogeräte

Tabelle 7-6 DMFC Spezifikationen (Heßhaus 2021)

Formel 7-3 DMFC Reaktion

PAFC (Phosphoric Acid Fuel Cell, Phosphorsäure-Brennstoffzelle)	
Brenngas	Wasserstoff
Oxidationsmittel	Sauerstoff
Katalysator	Platin
Elektrolyt	Phosphorsäure
Reaktionsgleichung	$2H_2 + O_2 \rightarrow 2H_2O$
(Wasserstoff und Sauerstoff reagieren zu Wasser und erzeugen dabei Strom)	
Arbeitstemperatur [C]	160–220
Wirkungsgrad [%]	50
Zellspannung [V]	0,64
Vorteile	CO_2-tolerant, Gase müssen nicht rein sein
Nachteile	niedrige Lebensdauer durch den aggressiven Elektrolyten
Einsatzgebiet	stationäre Strom- und Wärmeerzeugung

Tabelle 7-7 PAFC Spezifikationen (Heßhaus 2021)

Formel 7-4 PAFC Reaktion

MCFC (Molten Carbonate Fuel Cell, Schmelzkarbonat-Brennstoffzelle)	
Brenngas	Wasserstoff/Kohlenmonoxid
Oxidationsmittel	Sauerstoff
Katalysator	Nickel
Elektrolyt	schmelzflüssige Alkalicarbonate
Reaktionsgleichung	$2H_2 + O_2 + 2CO_2 \rightarrow 2H_2O + 2CO_2$
(Methan und Sauerstoff reagieren zu Kohlendioxid und Wasser)	
Arbeitstemperatur [C]	650
Wirkungsgrad [%]	60
Zellspannung [V]	0,75
Vorteile	Erdgas kann unmittelbar als Brenngas eingesetzt werden
Nachteile	giftig, benötigt lange Aufheizzeit
Einsatzgebiet	Versorgung mit hohen Leistungen/Kraftwerken

Tabelle 7-8 MCFC Spezifikationen (Heßhaus 2021)

Formel 7-5 MCFC Reaktion

SOFC (Solid Oxide Fuel Cell, Festoxid-Brennstoffzelle)	
Brenngas	Wasserstoff/Methan
Oxidationsmittel	Sauerstoff
Katalysator	LSM/SSC[77]
Elektrolyt	Keramik
Reaktionsgleichung	$CH_4 + 2O_2 \rightarrow 2H_2O + CO_2$
(Methan und Sauerstoff reagieren zu Wasser und Kohlenstoffdioxid)	
Arbeitstemperatur [C]	650–1000
Wirkungsgrad [%]	33–60
Zellspannung [V]	0,7
Vorteile	Erdgasbetrieb, sehr tolerant
Nachteile	schwierig zu regeln
Einsatzgebiet	Heizungen[78]

Tabelle 7-9 SOFC Spezifikationen (Heßhaus 2021)

Formel 7-6 SOFC Reaktion

7.2.1.2 Akkumulatoren

Anders als bei der Brennstoffzelle sind alle benötigten Reaktionspartner in einem Akkumulator bereits enthalten und müssen nicht (wie Brenngas und Katalysator) von außen zugeführt werden. Es reicht die physische Verbindung der Anode und Kathode. Sobald also ein Verbraucher angeschlossen wird, läuft eine osmotische Reaktion ab und liefert Strom.

---

[77] LSM: Lanthan-Strontium-Mangalit/SSC: Samarium-Strontium-Kobalit.

[78] Vgl. (Cornelia Voigt 2007) S.20ff.; (Geitmann 2021) S.142ff.

Batterie ist die Bezeichnung einer Zusammenschaltung mehrerer gleichartiger Dinge (ursprünglich französische Geschütze). Es werden also mehrere galvanische Zellen zusammengeschaltet, die alle Reaktionspartner beherbergen.

Ist die Batterie in der Lage, das osmotische Molekülgefälle durch Zugabe von Strom wiederherzustellen, spricht man von einem Akkumulator (kurz: Akku).[79]

Somit ist der Akku ein Stromspeicher, der nach Benutzung wieder aufgeladen werden kann.

Unterschiedliche Stoffe für Anode, Kathode und Elektrolyt ermöglichen verschiedene erreichbare Spannungen (die im Gesamten nochmals durch die Anzahl der zusammengeschalteten Zellen variiert wird). Probleme wie der Memory-Effekt (abfallende Spannung, da die Osmose nach vielen Teilentladungszyklen nicht mehr im vollen Umfang abläuft) treten bei verschiedenen Stoffkombinationen auf.[80]

---

[79] Das Wort "Batterie" wird im weiteren Verlauf synonym zu Akkumulator genutzt.
[80] Vgl. (Dohmann 2019); (Koch 2020) S.10ff.

Lithium-Ionen-Akkusysteme verfügen über verschiedene chemische Zusammensetzungen. So ist die Anode meist aus Graphit oder Silicium, die Kathode aus Lithium-Nickel-Mangan- Kobalt-Oxiden gefertigt. Als Elektrolyt kommen verschiedene Salze wie auch Polymere in Betracht. Der Separator, der vor einem Kurzschluss der beiden Hälften schützt, besteht aus einer Membran mit keramischer Schicht. Beim Entladevorgang gibt die Anode Elektronen ab, die durch den Verbraucher zur Kathode wandern. Gleichzeitig wandern positiv geladene Lithium-Ionen durch den Separator zur Kathode. Beim Ladevorgang wird dieser Vorgang umgekehrt (die Bezeichnungen Anode und Kathode sind dann ebenfalls getauscht).

$$Li_{1-x}Mn_2O_4 + Li_xC_n \rightarrow LiMn_2O_4 + C_n$$

Formel 7-7 Redoxgleichung Lithium-Mangan-Akkumulator

Besonderheiten:

- Wird der Separator beschädigt, indem das Akku-Pack durch eine von außen aufgebrachte Kraft deformiert wird, kann eine hohe Hitzeentwicklung zum Brand führen.
- Lithium-Ionen-Akkumulatoren leiden nicht unter dem Memory-Effekt.